INSTRUCTIONS

POUR NAVIGUER

SUR LA CÔTE MÉRIDIONALE

DE TERRE-NEUVE.

I. A

INSTRUCTIONS

Pour naviguer sur la Côte méridionale de Terre-neuve,

Depuis le Cap de Raze jusqu'au Cap de Raye.

(N.B.) *Tous les gisemens & les routes ci-après mentionnés, sont les vrais gisemens & routes, & non suivant la boussole.*

LE cap de *Raze* forme la pointe du Sud-Est de l'île de Terre-neuve, & le cap de *Raye* forme la pointe du Sud-Ouest. Le premier est situé par 46 degrés 40 minutes de latitude N. & à 55 degrés & environ 20 ou 25 minutes de longitude à l'Occident du méridien de Paris. Le second est par 47 degrés 37 minutes de latitude, & 61 degrés & environ 33 minutes de longitude.

Cap de RAZE.

Le cap de *Raze* est une pointe plate & peu élevée, avec un petit îlot ou rocher noir qui est détaché devant lui. La terre, aux environs de ce cap, est une terre basse, tant du côté du Nord & de l'Est en tirant vers le cap *Ballard*, que du côté du Sud & de l'Ouest jusqu'au cap de *Pene*. De 10 à 12 lieues en mer, le cap de *Raze* reſtant au N. E. toute cette partie du S. E. de Terre-neuve paroît preſque noyée, à la réſerve du cap *Mouton* qui eſt entre le cap de *Raze* & le cap de *Pene* dans la baie des Trépaſſés. Du cap de *Raze* au cap *Ballard*, la route eſt N. E. $\frac{1}{4}$ N. & la diſtance de trois lieues; & du cap de *Raze* au cap de *Pene*, la route eſt d'abord le S. $\frac{1}{4}$ S. O. l'eſpace d'une lieue, puis l'O. $\frac{1}{4}$ S. O. cinq lieues. Du cap de *Raze*, la côte méridionale de Terre-neuve court d'abord au S. O. $\frac{1}{4}$ O. l'eſpace d'un mille & demi, puis à l'O. S. O. une lieue juſqu'à la pointe *Miſtaken* (pointe de la Mépriſe). Au-delà de cette pointe, on en trouve une autre nommée *French Miſtaken Point* (Pointe de la Mépriſe françoiſe) la route de l'une à l'autre eſt O. 10° N. & la diſtance de deux milles. De cette pointe *French Miſtaken* à *Poule*, dans la baie des Trépaſſés, la route eſt O. N. O. & la diſtance de huit milles; & de la même pointe au cap de *Pene*, la route eſt O. $\frac{1}{4}$ S. O. & la diſtance de trois lieues & un tiers.

Entre ces deux dernières pointes *(French Miſtaken* & le cap de *Pene)*, la côte court au Nord, & forme une large baie, nommée *la Baie des Trépaſſés*: cette baie renferme pluſieurs petites baies & havres dans ſa partie du Nord. La première eſt la baie de *Biſcaye* qui a environ un mille de large à ſon entrée & deux milles d'enfoncement : on y trouve depuis 9 juſqu'à 3 braſſes d'eau, fond de ſable; mais on y eſt entièrement expoſé aux vents du large. Le cap *Mutton* ou *Mouton*, forme la pointe de l'Oueſt de l'entrée de cette baie.

Baie de BISCAYE.

Du cap *Mouton* à *Poule* qui eſt la pointe de l'Eſt de l'entrée du havre *des Trépaſſés*, la route eſt O. 8° S. & la diſtance un mille : entre ces pointes eſt la baie *Mutton* (ou du Mouton), qui a environ deux milles d'enfoncement, & depuis 12 juſqu'à 3 braſſes d'eau, fond de roches. La partie du N. O. du fond de la baie n'eſt ſéparée du havre *des Trépaſſés* que par une grave de pierre baſſe & étroite, par-deſſus laquelle on peut voir les bâtimens qui ſont mouillés dans ce havre.

Baie du MUTTON.

Havre des TRÉPASSÉS.

Le havre *des Trépaſſés* eſt un long enfoncement qui s'étend dans le N. E. l'eſpace d'environ 5 milles ; l'entrée eſt à la pointe de *Poule*, à 2 lieues au N. E. du cap de *Pene ;* elle a environ trois quarts de mille de large : on trouve la même largeur en remontant l'eſpace d'environ deux milles & demi : en cet endroit le havre n'a guère plus d'un quart de mille de large, mais enſuite ſa largeur augmente juſqu'à trois quarts de mille. C'eſt dans ce dernier endroit que les Navires mouillent communément ; ce qu'il y a à craindre en entrant dans ce havre, eſt une petite roche qui eſt du côté de l'Eſt, à un mille environ en-dedans de l'entrée, & à un tiers d'encablure de la côte. Du côté de l'Oueſt, en-dedans du havre & par le travers d'une grave de pierre, il y a un haut fond qui prolonge la côte, en remontant dans le havre juſqu'à une pointe baſſe & verte ; en tenant la pointe de *Baker* par une pointe baſſe de rochers qui eſt à l'entrée du havre, vous pourrez parer ce haut-fond ;

lorſque vous ſerez parvenu à la hauteur de la pointe baſſe & verte, vous pourrez vous élever plus dans l'Oueſt & mouiller dans le bras du N. O. ou dans celui du N. E. où vous ſerez très-commodément pour faire de l'eau & du bois. La latitude du havre *des Trépaſſés*, a été déterminée en 1751 par M. le Marquis de Chabert, par trois hauteurs méridiennes du Soleil, obſervées à terre auprès & du côté du Sud des maiſons des habitans; elle eſt de 46 degrés 43 minutes 30 ſecondes *.

Cap de PENE.

Du havre *des Trépaſſés* au cap de *Pene*, la côte court au S. O; du cap de *Pene* au cap de *Freels*, la route eſt O. S. O. & la diſtance d'un mille & demi : la terre entre ces deux caps eſt aſſez élevée & ſtérile.

Cap de FREELS.

Du cap de *Freels*, la côte court à l'O. 3° N. l'eſpace d'un mille, puis à l'O. $\frac{1}{4}$ N. O. 3° N. l'eſpace d'environ un mille juſqu'à la pointe de l'E. de *Saint-Shot :* cette pointe forme la pointe de l'E. de l'entrée de la baie de *Sainte-Marie ;* & au-delà, la côte court dans le Nord juſqu'au fond de cette baie.

De cette pointe de *Saint-Shot* à la pointe de *Lance*, qui eſt la pointe de l'O. de l'entrée de la baie de *Sainte-Marie*, la route eſt N. O. $\frac{1}{4}$ O. 5° O. & la diſtance de 22 milles. La baie s'étend dans le N. E. l'eſpace de 9 lieues & demie : elle a pluſieurs excellens ports, & la terre de chaque côté eſt aſſez élevée & ſtérile en grande partie.

Baie de S.T-SHOT.

De la pointe de l'E. de la baie de *Saint-Shot*, à la

* Voyage de l'Amér. ſept. *Paris*, 1753, *pages* 158 & 160.

pointe de l'O. la route eſt N. 41° O. & la diſtance 2 milles : cette baie eſt entièrement expoſée aux vents du large, & a environ un mille d'enfoncement.

De la pointe de l'O. de *Saint-Shot* à l'île *Gull*, la route eſt N. 20 degrés O. & la diſtance de 4 milles: cette île eſt petite & de la même hauteur que la terre du Continent ; elle en eſt ſi proche qu'on ne peut la diſtinguer que lorſqu'on ſerre la terre de très-près. Ile GULL.

De l'île *Gull* au cap *Anglois*, la route eſt N. 7° O. & la diſtance de deux lieues : ce cap eſt une terre haute & plate, qui ſe termine en une pointe baſſe de rochers, & qui forme, dans la partie du Sud, une baie qui a environ un mille d'enfoncement : au fond de cette baie eſt une grave baſſe de pierres, en-dedans de laquelle il y a un étang nommé *Holy rood pond* (l'étang de Sainte-Croix), qui s'étend dans le N. E. l'eſpace d'environ 7 lieues, & qui a depuis un demi-mille juſqu'à deux ou trois de large ; lorſqu'on vient du Sud, cet étang fait paroître le cap *Anglois* ſemblable à une île. Cap ANGLOIS.

Du cap *Anglois* au *Falſe Cape* (Faux Cap) la route eſt N. 20° E. & la diſtance un mille. Cap FALSE.

Du cap *Anglois* à la pointe *la Haye*, la route eſt N. E. & la diſtance 3 lieues : c'eſt une pointe baſſe par le travers de laquelle il y a une chaîne de roches qui s'avance trois quarts de mille au large, & ſur laquelle la mer briſe par de gros temps. C'eſt le ſeul danger de toute la baie de *Sainte-Marie* qui puiſſe faire échouer un bâtiment. Pointe LA HAIE. & ROCHES.

Pointe de la double RADE.

De la pointe *la Haye* à la pointe du Sud de l'entrée du havre de *Sainte-Marie*, nommé *Pointe de la double rade*, la route eſt N. E. & la diſtance un mille & demi : la terre entre ces pointes eſt baſſe & ſtérile.

Havre de SAINTE-MARIE.

De la pointe *la Haye* à la pointe baſſe qui eſt du côté de ſtribord, en entrant dans le havre de *Sainte-Marie*, & qui ſe nomme *Pointe d'Ellis*, la route eſt le N. E. $\frac{1}{4}$ E. & la diſtance deux milles ; & de la pointe de *Lance* au même havre de *Sainte-Marie*, la route eſt l'E. 8° N. & la diſtance de 9 lieues : l'entrée de ce havre a plus d'un mille de large. En-dedans des pointes qui forment l'entrée, ce havre ſe diviſe en deux bras, dont l'un s'étend dans l'E. S. E. & l'autre au N. E. Lorſque vous aurez dépaſſé la pointe *d'Ellis*, portez vers le Sud, & mouillez par le travers des chaffauds de pêche, ſur un haut-fond par 4 ou 5 braſſes ; vous y ſerez abrié par les terres. Ce haut-fond eſt par le travers & à un demi-mille de la côte : en-dehors il y a depuis 16 juſqu'à 40 braſſes d'eau juſqu'aux deux côtés de la terre ; mais le meilleur mouillage de ce havre ſe trouve à environ deux milles au-delà de la ville (ce havre a en cet endroit plus d'un demi-mille de large), & en face d'un étang nommé *Browns pond*, qui eſt du côté de ſtribord, & peut être aperçu par-deſſus la grave qui eſt baſſe. En mouillant en cet endroit, vous ſerez par 12 braſſes & abrié par les terres ; le fond eſt excellent dans toute l'étendue juſqu'au fond du havre.

A un mille au-delà dudit étang, & ſur la côte oppoſée, il

il y a une pointe de grave, tout près de laquelle on trouve 4 braſſes où l'on peut abattre des Vaiſſeaux en carène, & où il y a de l'eau & du bois en abondance.

Le bras du N. E. du havre de *Sainte-Marie*, s'étend l'eſpace de deux milles à partir de l'entrée : à environ la moitié de cet eſpace, il a un mille de large, & au-delà il n'a qu'un demi-mille; les Bâtimens peuvent y ancrer, mais cette Place étant expoſée aux vents du large, elle eſt en général peu fréquentée.

A deux lieues au-delà du havre de *Sainte-Marie*, ſe trouvent deux îles, dont la plus grande a environ deux lieues de long; il y a une bonne paſſe pour les Bâtimens entre ces îles, ainſi qu'entr'elles & les deux côtes de la baie; la paſſe du côté de l'Oueſt a deux lieues & demie de large. Au-delà de ces îles il y a pluſieurs bons mouillages ſur les deux côtes, & on trouve au fond de la baie une rivière d'eau fraîche qui eſt navigable l'eſpace de deux ou trois lieues en remontant.

MALL-BAIE.

Dans l'Oueſt de la pointe du N. E. il y a la baie nommée *Mall-baie*, qui a environ un mille de large & un peu plus de deux milles d'enfoncement; il n'y a pas de bon mouillage dans cette baie qui eſt expoſée aux vents du large, & communément très-houleuſe : les Bâtimens peuvent mouiller, dans le beſoin, près du fond de la baie par 5 ou 6 braſſes d'eau, fond de bonne tenue.

Ile du grand COLINET.

Du cap *Anglois* à la partie du Sud de l'île nommée le *grand Colinet*, la route eſt N. 10° O. & la diſtance de trois lieues ; cette île eſt d'une moyenne hauteur, & a environ une lieue de long & un mille de large; il y a de chaque côté une paſſe ſûre pour remonter dans la baie, il faut avoir ſoin ſeulement de paſſer à un quart de mille au large d'une pointe de la baie *Shoal*, parce qu'il y a pluſieurs roches ſous l'eau par le travers de cette pointe.

Pointe de la baie SHOAL.

La pointe de la baie *Shoal* eſt à un mille & par le travers de la côte de l'Eſt de l'île du *grand Colinet:* au côté du Nord de l'ile du *grand Colinet*, il y a une grave de pierre, par le travers de laquelle eſt un banc qui s'étend environ trois quarts de mille au large, & ſur lequel on trouve depuis 7 juſqu'à 17 braſſes, fond de roches.

Ile du petit COLINET.

A un mille & demi de l'île du *grand Colinet*, eſt une autre île nommée le *petit Colinet :* elle a environ un mille de long & un demi-mille de large.

Grande rivière au SAUMON.

Au N. 50° E. & à deux lieues de la pointe du N. de l'île du *petit Colinet*, ſe trouve l'entrée de la *grande Rivière au Saumon;* elle a environ trois quarts de mille de large, & s'étend dans le N. E. l'eſpace de 7 ou 8 milles : on y trouve de très-bons mouillages ; le meilleur eſt environ à 3 milles de l'entrée, du côté du Nord, dans une anſe de ſable, par 5 ou 6 braſſes d'eau.

Havre du NORD.

Le havre *du Nord* eſt au N. $\frac{1}{4}$ N. O. à trois quarts de mille de la pointe du nord de l'île du *petit Colinet;* le havre a environ un mille de large à ſon entrée, & s'étend dans le nord l'eſpace d'environ 3 milles ; il y a bon mouillage par 6 ou 7 braſſes d'eau, à environ 2 milles de l'entrée ; le havre n'a pas plus d'un demi-mille de large en cet endroit ; on peut aussi remonter les passes étroites qui sont formées par deux pointes basses de sable, situées à une demi-encablure l'une de l'autre, ayant soin de serrer de près la pointe de stribord, & mouiller en-dedans & près de la pointe qui est du côté de stribord.

Baie de COLINET.

La baie de *Colinet* est au N. N. E. 5° E. à 5 milles & demi de la pointe du nord de l'île du *petit Colinet ;* il y a un très-bon mouillage depuis 5 jusqu'à 12 brasses d'eau.

Du fond de la baie de *Sainte-Marie* ou de la baie de *Colinet* qui occupe ce fond, la côte occidentale de la baie court au S. O. $\frac{1}{4}$ S. l'espace de 7 lieues jusqu'au cap *Bluff,* & de-là à l'O. $\frac{1}{4}$ S. O. 5° S. l'espace de 3 lieues jusqu'au cap de *Lance.*

Du cap *Anglois,* qui est à la côte de l'Est, au cap *Bluff* dont on vient de parler, la route est N. O. 5° O. & la distance de 3 lieues & demie.

Cap de LANCE.

Le cap de *Lance* est une pointe basse près de la mer ; mais la terre en-dedans de cette pointe est élevée : cette pointe forme la pointe de l'Ouest de l'entrée de la baie de *Sainte-Marie ;* elle est située par 46 degrés 50 minutes de latitude.

Du cap de *Lance* au cap de *Sainte-Marie,* la route est O. $\frac{1}{4}$ N. O. & la distance d'environ 2 lieues.

Cap de SAINTE-MARIE.

Le cap de *Sainte-Marie* est une pointe assez haute & escarpée, & qui, de quelque côté qu'on l'aperçoive, ressemble beaucoup au cap de *Saint-Vincent* de la côte de Portugal. La terre, le long de la côte des environs de ce Cap, dans une étendue assez considérable, paroît unie & d'une hauteur à peu-près égale à celle du Cap même. Ce Cap est par 46 degrés 52 minutes de latitude; un peu dans le nord de ce Cap, est une petite anse où les barques de pêcheurs sont à l'abri des vents de la partie du Sud & de la partie de l'Est.

Le TAUREAU & la VACHE.

Au S. E. $\frac{1}{4}$ E. & à 5 milles & demi du cap de *Sainte-Marie*, il y a deux rochers nommés *Bull and Cow rocks* (le Taureau & la Vache), ce sont deux rochers plats situés très-près l'un de l'autre, & entourés de plusieurs autres rochers plus petits qui découvrent tous; ils peuvent être aperçus de 4 lieues en mer de dessus le pont, lorsqu'ils sont détachés de la terre; mais si on les tient par la terre, on ne peut les distinguer de si loin: ils restent à l'Ouest à 3 milles de la pointe de *Lance*. Le *Taureau* & la *Vache* sont à un mille de la partie la plus proche du Continent : aux deux tiers de la distance qui les sépare du Continent, il y a une petite roche qui découvre à demi-flot. On trouve 10 brasses entre cette roche & le Continent, & 15 brasses entre la même roche & les rochers du *Taureau* & de la *Vache;* des Vaisseaux pourroient passer en sûreté en-dedans du *Taureau* & de la *Vache*, dans le besoin.

Basse du cap SAINTE-MARIE.

« La *Basse* ou Danger de *Sainte-Marie*, est (au » rapport de M. le Marquis de Chabert *) au S. $\frac{1}{4}$ S. O.

* Voyage de l'Amér. septent. *Paris*, 1753, *page* 156.

3° S. du cap de *Sainte-Marie*, & au S. O. $\frac{1}{4}$ O. 2° S. «
de la pointe de *Lance*, qui en est à environ deux «
lieues du côté de l'Est, & où commence la baie de «
Sainte-Marie. «

La basse est formée par deux roches qui occupent «
un espace d'environ trois cables dans la direction «
S. E. & N. O; elles n'excèdent la surface de l'eau «
que de trois pieds, & sont couvertes à chaque instant «
par les brisans de la mer, qu'on voit rejaillir très-haut. «
On y trouve par-tout 15 à 17 brasses, excepté au «
côté du S. E. où il n'y a que 7 brasses jusqu'à environ «
deux cables. Dans l'intervalle même des deux roches, «
qui n'est que d'environ un cable, on trouve 15 à 16 «
brasses; par conséquent un Vaisseau qui, jeté sur cette «
Basse dans un temps de brume, & sur le point d'y «
périr, ne seroit plus à temps de l'éviter, auroit encore «
la ressource de passer entre les deux roches. La dis- «
tance de ce Danger au cap *Sainte-Marie*, estimée à vue «
d'œil, est de deux lieues & demie. »

Au-delà du cap de *Sainte-Marie*, la côte court au nord l'espace d'environ 20 lieues, & forme la grande baie de *Plaisance*. On ne donnera point ici la description de cette baie qui est très-spacieuse, & qui demande seule une instruction particulière; & du cap de *Sainte-Marie* qui est la pointe de l'Est de l'entrée de cette baie, on passera de suite au cap du *Chapeau rouge* qui forme la pointe de l'Ouest; la route de l'un à l'autre est E. & O. & la distance de 16 à 17 lieues.

Cap du CHAPEAU ROUGE.

Le cap du *Chapeau rouge*, ou la montagne du *Chapeau rouge*, eſt ſitué par 46 degrés 53 minutes de latitude Nord; c'eſt la terre la plus haute & la plus remarquable de cette partie de la côte, paroiſſant au-deſſus du reſte de la contrée, ſous la forme de la *Tête d'un chapeau*: elle peut être aperçue de douze lieues par un temps clair.

Havres de SAINT-LAURENT.

A l'Eſt, & près du cap du Chapeau rouge, ſont les havres du grand & du petit *Saint-Laurent*. Pour entrer dans le *grand Saint-Laurent*, qui eſt le plus occidental, il n'y a d'autres dangers à craindre que ceux qui ſont près de la côte: on obſervera cependant, lorſque le vent ſoufflera de l'Oueſt, & ſur-tout du S. O. de ne pas trop s'approcher de la montagne du chapeau, afin d'éviter les raffales au-deſſous de la haute terre: la route pour entrer dans ce havre, eſt d'abord le N. O. juſqu'à ce que vous ayez ouvert le fond du havre, & alors le N. N. O. 5° O. Le meilleur mouillage pour les gros Bâtimens, & le meilleur fond, ſont devant une anſe qui ſe trouve à la partie de l'Eſt du havre par 13 braſſes d'eau, un peu au-deſſus de la pointe appelée *Blue Beach Point* (pointe de la Grave bleue) qui eſt la première pointe du côté de l'Oueſt; vous n'y êtes à découvert que de deux points. Vous pourrez mouiller par-tout où bon vous ſemblera, entre cette pointe & la pointe appelée *Low Beach* (Grave baſſe) qui eſt du même côté & près du fond du havre; obſervant que près de la côte de l'Oueſt, le fond n'eſt pas auſſi bon que de l'autre côté. Les Bâtimens pêcheurs mouillent au fond du havre, au-delà de la Grave, où ils ſont abriés de tous les vents.

Pour entrer dans le *petit Saint-Laurent*, vous ſerrerez la côte de l'Oueſt, afin d'éviter un rocher qui eſt ſous l'eau, un peu en dehors de la pointe d'une preſqu'Ile qui s'étend au large de la partie de l'Eſt du havre. Vous mouillerez au-deſſus de cette preſqu'Ile (vous trouvant abrié par elle des vents du large) par 3 & 4 braſſes d'eau, fond de ſable fin. On trouve dans ces havres toutes les choſes néceſſaires pour la pêche, avec de l'eau & du bois en abondance. Les Bâtimens peuvent mouiller en dehors de la preſqu'Ile par 12 braſſes, fond de bonne tenue; mais ils ſont expoſés aux vents de la partie du S. S. E.

Pointe de SAUKER.

Sauker Head (la pointe de Sauker) eſt à trois milles dans l'Eſt du cap du Chapeau rouge; c'eſt une pointe ronde & aſſez élevée, par le travers de laquelle il y a quelques rochers qui couvrent environ à une encablure de la côte.

Banc GARDEN.

Garden-Banc, ſur lequel on trouve depuis 7 juſqu'à 17 braſſes d'eau, eſt à environ un demi-mille par le travers du *petit Saint-Laurent*, la pointe appelée *Blue Beach* ou de la Grave bleue reſtant par la pointe de l'Eſt du *grand Saint-Laurent*.

Pointe de FERRY-LAND.

La pointe de *Ferry-Land* eſt au S. O. à un mille du cap du *Chapeau rouge;* c'eſt une Ile de roches, haute, & qui tient preſque au Continent. Cette Ile & le cap du *Chapeau rouge* ſont des marques ſuffiſantes pour reconnoître les havres de *Saint-Laurent*.

Baie de LAUN.

A cinq milles à l'Oueſt de la pointe de *Ferry-Land*, eſt la baie de *Laun*, au fond de laquelle ſont deux petits enfoncemens appelés le *grand* & le *petit Laun*. Le *petit Laun*, qui eſt le plus à l'Eſt, eſt expoſé aux vents de la partie du S. O. qui règnent le plus ſur cette côte, & il n'y a point conſéquemment de bon mouillage. Le *grand Laun* s'étend à peu-près au N. ¼ N. E. l'eſpace de deux milles; il a près d'un demi-mille de large, & on y trouve depuis 14 braſſes d'eau juſqu'à 3. Pour y entrer, on aura ſoin d'éviter un rocher qui eſt ſous l'eau, à environ un quart de mille de la pointe de l'Eſt & par ſon travers; le meilleur mouillage eſt du côté de l'Eſt, environ à un demi-mille de l'extrémité de la pointe, par 6 & 5 braſſes : le fond eſt aſſez bon, & on y eſt abrié de tous vents, excepté de ceux de la partie du S. & du S. ¼ S. O. qui ſoufflent directement dedans, & y occaſionnent une mer houleuſe. Au fond de cette place eſt un havre de barre, dans lequel les Chaloupes peuvent entrer à demi-marée; on y trouve les choſes néceſſaires pour la pêche, & du bois & de l'eau en abondance.

Iles de LAUN.

Par le travers de la pointe de l'Oueſt de la baie de *Laun*, ſont les Iles du même nom, à une petite diſtance de la côte. La plus occidentale & la plus en dehors eſt à l'Oueſt un peu au Sud, à dix milles de la pointe de *Ferry Land;* environ à un quart de mille au Sud de cette Ile, eſt un rocher, ſur lequel la mer briſe dans un mauvais temps: il y a d'autres rochers qui

couvrent

couvrent autour de ces Iles; mais ils ne ſont aucunement dangereux, étant très-près de la côte.

Baie du TAYLOR.

Taylor's Bay (la Baie du Tailleur), qui eſt ouverte à la mer, eſt ſituée à 3 milles dans l'Oueſt des îles de *Laun* : par le travers de la pointe de l'Eſt, il y a quelques rochers qui couvrent environ à un quart de mille de la côte.

Pointe aux GAULS.

Un peu dans l'Oueſt de la baie du *Taylor*, s'étend une pointe de terre baſſe, appelée *Pointe aux Gauls* ; par le travers de cette pointe, eſt un rocher qui découvre à un demi-mille de la côte, & qu'on appelle *Rocher Shag aux Gauls*. Ce rocher eſt à l'Oueſt 8° Sud, & à cinq lieues de la pointe de *Ferry-Land*; vous trouverez 14 braſſes tout près de ce rocher, du côté du large; mais entre le rocher & la pointe, il y a quelques roches qui couvrent.

Baie de LAMELIN.

Du *Rocher Shag* de la *Pointe aux Gauls*, aux îles de *Lamelin*, la route eſt O. 8° N. & la diſtance une lieue. Entre ces Iles eſt la baie de *Lamelin*, où il y a très-peu de fond. On trouve dans cette baie pluſieurs petites Iles & des roches qui couvrent & découvrent; au fond de la baie il y a une rivière où l'on pêche du ſaumon.

Iles de LAMELIN.

Les deux îles de *Lamelin* (qui ſont baſſes) ſont ſituées par le travers de la pointe de l'Oueſt de la baie de même nom ; elles giſent à l'O. 8° S. & à ſix lieues de la montagne du *Chapeau rouge*, mais en faiſant route le long de la côte, gouvernez à l'O. $\frac{1}{4}$ S. O. & vous vous parerez de tout danger. Les petits bâtimens peuvent mouiller dans la rade entre ces Iles, par 4 & 5 brasses ; ils y seront assez bien abriés du vent. Presque au milieu de la passe, lorsqu'on gouverne entre les deux Iles, il y a un rocher qui couvre, que vous éviterez en vous tenant plus près d'un côté que de l'autre ; le plus grand évitage est du côté de l'Est. L'Ile la plus à l'Est communique avec le Continent à basse mer par une Grave étroite, sur laquelle les chaloupes peuvent passer de haute mer pour aller dans le bras du N. O. de la baie de *Lamelin*, où elles sont en sûreté. On y trouve les commodités propres à une pêcherie, mais peu ou point de bois d'aucune espèce. Près de la pointe du Sud de l'Ile la plus à l'Ouest, il y a un rocher assez élevé au-dessus de l'eau, & qu'on appelle *Rocher Shag de Lamelin* ; en entrant dans la rade entre les Iles, il faut laisser ce rocher à bas bord.

Récifs de LAMELIN.

Les Récifs de *Lamelin* sont le long de la côte comprise entre les îles de *Lamelin* & la pointe de *May*, & qui occupe une espace de trois lieues. Ils sont très-dangereux, quelques-uns étant à trois milles de la terre. Pour éviter ces Récifs pendant le jour, vous n'amènerez les îles de *Lamelin* au Sud de l'Est, que lorsque la pointe de *May* ou l'extrémité occidentale de la terre vous restera au N. $\frac{1}{4}$ N. E. vous pourrez alors faire route du côté du Nord avec sûreté entre la pointe de *May* & l'île appelée *Gréen* (l'île Verte) ; pendant la nuit ou par un temps brumeux, vous aurez soin de ne pas vous approcher de ces Récifs par moins de trente brasses d'eau, de peur de vous y engager. Entre ces Récifs & le Continent la ſonde varie ; elle donne depuis 16 juſqu'à 5 braſſes.

La terre aux environs du cap du *Chapeau rouge* & de la pointe de *Laun*, eſt haute & couverte de collines tout près de la mer : depuis les îles de *Laun* juſqu'à *Lamelin* elle eſt d'une moyenne hauteur, & depuis *Lamelin* juſqu'à la pointe de *May*, elles eſt très-baſſe près de la côte, & forme des graves de ſable ; mais à peu de diſtance dans l'intérieur des terres elle s'élève & forme des montagnes. Obſervations.

Deſcription des îles de Saint-Pierre & Miquelon.

L'ÎLE de *Saint-Pierre* eſt à l'O. $\frac{1}{4}$ S. O. à peu-près à 12 lieues du cap du *Chapeau rouge*, & à l'O. $\frac{1}{4}$ S. O. 5° S. à cinq lieues des îles de *Lamelin*. Elle eſt par 46 degrés 46 minutes 30 ſecondes de latitude nord, & à 58 degrés 30 minutes de longitude à l'occident du méridien de Paris, ſuivant les obſervations qui y ont été faites au bourg de Saint-Pierre par M.rs de Verdun, de Borda & Pingré en 1772. Cette Ile a environ 5 lieues de tour ; les terres en ſont aſſez hautes ; leur ſurface eſt eſcarpée & inégale. En venant de l'oueſt, auſſi-tôt que vous découvrirez la tête de *Gallantry* qui eſt la pointe du Sud de l'Ile, cette pointe ſe préſentera à vos yeux ſous la forme d'un mondrain rond, comme une petite île, & détachée de l'île de Saint-Pierre. Du côté de l'Eſt de l'île & un peu au N. E. de la tête de *Gallantry*, ſont trois petites îles dont la plus en-dedans, qu'on appelle l'île *aux Chiens*, eſt la plus grande ; c'eſt Ile de SAINT-PIERRE.

en - dedans de cette Ile qu'eſt la rade & le havre de Saint-Pierre. Ce havre eſt petit ; on y trouve depuis 11 juſqu'à 19 pieds d'eau, mais il y a une barre qui en traverſe l'entrée, & ſur laquelle il n'y a que 6 pieds de baſſe mer, & 11 ou 13 pieds de haute mer. La rade, qui eſt ſituée ſur la côte du N. O. de l'île *aux Chiens*, peut recevoir des bâtimens de tout port ; mais il ne convient d'y mouiller qu'en été, parce qu'elle eſt expoſée aux vents de la partie du N. E. vous pouvez y mouiller par 8, 10 & 12 braſſes. Le fond y eſt preſque par-tout de roche, & en peu d'endroits ſain. Les vaiſſeaux de guerre ordinairement font flotter leurs cables. Le meilleur fond eſt près de la côte du Nord. Pour entrer dans cette rade ou pour en ſortir, il ne faut pas ranger de trop près le côté de l'Eſt de l'île aux *Bours*, qui eſt la plus à l'Eſt des trois Iles mentionnées ci-deſſus, afin d'éviter quelques rochers qui couvrent, ſitués à l'Eſt & à environ un mille de cette Ile. C'eſt le ſeul écueil qu'on trouve autour de Saint-Pierre, à l'exception de ceux qui ſont près de la côte.

Ile du GRAND COLOMBIER.

L'île du *grand Colombier* eſt d'une petite étendue, mais aſſez élevée : elle eſt ſituée très-près de la pointe du N. E. de *Saint-Pierre*. Entre l'Ile & cette Pointe, il y a une très-bonne paſſe qui a un tiers de mille de large, & dans laquelle on trouve 12 braſſes d'eau. A la côte du Nord de l'Ile eſt un rocher qui découvre, aſſez élevé, qu'on appelle le *petit Colombier* ; & environ à un quart de mille au N. E. de ce rocher, il y a un autre rocher qui couvre, ſur lequel il y a deux braſſes d'eau.

Ile de LANGLEY ou PETITE MIQUELON.

L'île de *Langley* ou la *petite Miquelon* eſt ſituée dans le N. O. de *Saint-Pierre ;* elle a environ 8 lieues de tour. Les terres en ſont d'une hauteur moyenne & aſſez égale, excepté l'extrémité du Nord, qui eſt une pointe baſſe bordée de collines de ſable. A une petite diſtance de la terre baſſe qui borde les deux côtés, le terrein eſt plat ; mais toute la partie élevée de l'Ile eſt acore, & la paſſe entre cette Ile & celle de Saint-Pierre, qui a une lieue de large, ne préſente aucun danger. On peut mouiller au côté du N. E. de l'île, un peu au Sud des collines de ſable par 5 & 6 braſſes fond de ſable fin : on y ſera à l'abri des vents de la partie du S. au S. O. juſqu'au N. O.

Ile de MIQUELON.

De la pointe du Nord de *Langley* à la pointe du Sud de *Miquelon,* il y a environ un mille. On prétend que ces deux pointes étoient jointes enſemble il y a quelques années par une langue de ſable que la mer a emportée. Il s'eſt formé depuis un chenal dans lequel on trouve deux braſſes d'eau. L'île de *Miquelon* a quatre lieues de long du Nord au Sud ; mais ſa largeur eſt inégale ; le milieu de l'Ile eſt une terre haute appelée la *Terre haute de Dunn ;* mais en deſcendant vers la côte, la terre eſt baſſe, excepté le cap de *Miquelon,* qui eſt un promontoire élevé à l'extrémité ſeptentrionale de l'Ile.

Havre de DUNN.

Au côté du S. E. de l'Ile, & dans le Sud de la terre haute, il y a un havre de barre aſſez grand, appelé *Havre de Dunn* ou *le Grand Barachois*. Les chaloupes de pêche y peuvent entrer à mi-flot; mais il ne peut être d'aucune utilité pour la pêcherie.

Rochers & bancs de MIQUELON.

Les rochers de *Miquelon* partent de la pointe de l'Eſt de l'Ile au-deſſous de la terre haute, & s'étendent l'eſpace d'un mille & un quart vers l'Eſt. Il y a quelques-uns de ces rochers qui couvrent & d'autres qui découvrent. Ceux qui ſont le plus en dehors découvrent, & vous trouvez 12 braſſes tout près d'eux, & 18 à 20 braſſes à un mille de diſtance. Au N. E. 5° N. & à 4 ou 5 milles de ces rochers, ſe trouve le banc de *Miquelon*, ſur lequel il y a 6 braſſes d'eau.

Rade de MIQUELON.

La rade de *Miquelon*, qui eſt grande & ſpacieuſe, eſt ſituée à l'extrémité ſeptentrionale & au côté de l'Eſt de l'Ile, entre le cap de *Miquelon* & une montagne ronde très-remarquable qui eſt près de la côte & qu'on appelle le *Chapeau*. Par le travers de la pointe du Sud de la rade, il y a quelques roches qui couvrent à environ un quart de mille de la côte; mais par-tout ailleurs cette rade n'a aucun danger. Le meilleur mouillage eſt près du fond de la rade, par 6 & 7 braſſes fond de ſable fin. On y eſt expoſé aux vents de la partie de l'Eſt, leſquels ſoufflent rarement en été.

Le cap de MIQUELON.

Le cap de *Miquelon* ou l'extrémité ſeptentrionale de l'Ile, eſt une terre haute & acore. Lorſque vous êtes à 4 ou 5 lieues à l'Eſt ou à l'Oueſt de ce Cap, vous le prendriez pour une Ile, parce que la terre ſituée au fond de la rade eſt très-baſſe.

Les rochers appelés *Seal* (les Veaux marins) découvrent : ils ſont ſitués à une lieue & demie & par le travers du milieu de la côte occidentale de l'île de *Miquelon*.

VEAUX MARINS, Rochers.

La paſſe entre ces Rochers & l'Ile eſt très-ſûre : vous trouverez 14 ou 15 braſſes à la diſtance d'une encablure tout autour de ces rochers.

L'*Ile Verte*, qui a environ trois quarts de mille de tour & qui eſt baſſe, eſt ſituée au N. E. à 5 milles de *Saint-Pierre*, & preſque dans le milieu du chenal entre cette dernière Ile & la pointe de *May* de Terre-neuve. Au côté du Sud de cette Ile, il y a quelques rochers dont les uns couvrent & les autres découvrent. Ces rochers s'étendent l'eſpace d'un mille & un quart au ſud-oueſt.

Ile VERTE.

Deſcription de la Baie de Fortune.

LA baie de *Fortune* eſt très-large : l'entrée de cette Baie eſt formée par la pointe de *May* & l'île de la *Paſſe*, qui ſont à 12 lieues N. $\frac{1}{4}$ N. O. 2 ou 3° O. & S. $\frac{1}{4}$ S. E. 2 ou 3° E. l'une de l'autre. Son enfoncement eſt d'environ 23 lieues. Il s'y trouve pluſieurs baies, havres & îles.

L'île de *Brunet* eſt ſituée preſque dans le milieu de l'entrée de la baie de *Fortune* : elle a environ 5 lieues de tour & eſt aſſez élevée : l'extrémité de l'Eſt ſe préſente ſous certains points de vue, comme formant pluſieurs îles, parce qu'elle eſt très-baſſe & fort étroite en deux endroits.

Ile de BRUNET.

Au côté du N. E. de l'île eſt une baie dans laquelle il y a un aſſez bon mouillage par 14 & 16 braſſes ; les bâtimens y ſont abriés des vents de la partie du Sud & de celle de l'Oueſt. Il ne faudra pas courir trop avant dans cette baie, parce qu'il y a dans le fond des roches ſous l'eau à un quart de mille de la côte. Vis-à-vis cette baie, au côté du Sud de l'Ile, eſt une petite anſe dans laquelle les petits bâtimens & chaloupes peuvent mouiller par 6 braſſes, & être aſſez bien abriés du mauvais temps. Au milieu de l'anſe eſt un rocher qui découvre, & il y a un chenal des deux côtés de ce rocher. Les îles ſituées à l'extrémité de l'Oueſt de *Brunet* & nommées les *petits Brunets*, fourniſſent un abri paſſable aux chaloupes dans un gros temps. On peut s'approcher de ces Iles & de l'île *Brunet* à la diſtance d'un quart de mille tout autour, parce qu'il n'y a d'autres dangers que ceux qui ſe trouvent très - près de la côte.

Iles PLATES.

Les Iles nommées *Iles Plates* ſont trois rochers d'une moyenne hauteur, ſitués au S. O, & à une lieue de l'extrémité de l'Oueſt du *grand Brunet*. Ceux d'entre ces rochers qui ſont le plus au Sud & le plus en dehors, ſont ſitués à l'E. $\frac{1}{4}$ N. E. 5° N. & à 11 milles du cap de *Miquelon* & dans l'alignement de la pointe de *May* & de l'île de la *Paſſe*, à 17 milles de la pointe de *May*, & à 19 de l'île de la *Paſſe*. Au S. E. & à un quart de mille de la grande île *Plate* (qui eſt l'Ile la plus ſeptentrionale), il y a une roche ſous l'eau, ſur

ſur lequel la mer briſe: C'eſt le ſeul danger que l'on trouve autour de ces Iles ou Rochers.

Il y a quantité de lits de marées ou de courans; forts & irréguliers, autour des îles *Plates* & *Brunet*, qui ſemblent ne dépendre aucunement de la lune ni du cours des marées ſur la côte. Obſervations.

L'île de *Sagona* qui eſt ſituée au N. N. E. & à deux lieues de l'extrémité orientale de *Brunet*, a environ trois milles & demi de tour; elle eſt d'une moyenne hauteur & acore tout autour : à l'extrémité du S. O. eſt une petite anſe ou crique qui peut recevoir des chaloupes de pêche : une roche ſous l'eau, qui eſt au milieu de l'entrée de cette anſe, la rend très-étroite; il eſt difficile d'y entrer ou d'en ſortir, ſi ce n'eſt par un beau temps. Ile de SAGONA.

La pointe de *May* forme l'extrémité du Sud de la Baie de *Fortune* & l'extrémité du S. O. de cette partie de Terre-neuve ; on peut la reconnoître aiſément à cauſe d'un grand rocher noir qui joint preſque le bout de la pointe, & qui eſt un peu plus élevé que la terre, ce qui le fait paroître comme un mondrain noir placé ſur la pointe. Environ à un quart de mille & directement par le travers de la pointe ou de ce rocher rond & noir, il y a trois roches ſous l'eau, ſur leſquelles la mer briſe toujours. Pointe de MAY.

Environ à deux milles au Nord de la pointe de *May*, eſt l'anſe nommée le *petit Dantzick*, & à une demi-lieue du *petit Dantzick* eſt l'anſe du *grand Dantzick* : ces anſes Anſes de DANTZICK.

ne sont pas des lieux de sûreté, étant exposées aux vents de l'Oueſt. La terre qui les environne eſt acore, d'une moyenne hauteur & n'eſt point boiſée.

FORTUNE. De la pointe de *Dantzick* (qui eſt la pointe du Nord des anſes de ce nom) à *Fortune*, la route eſt N. E. & la diſtance d'environ trois lieues. La terre entre la pointe de *Dantzick* & *Fortune* eſt d'une moyenne hauteur près de la côte & acore. Vous trouverez preſque par-tout 10 & 12 braſſes à deux cables de diſtance du rivage, 30 à 40 à un mille de la côte, & 70 & 80 à deux milles. *Fortune* eſt ſitué N. & S. avec l'extrémité orientale de *Brunet*: c'eſt un havre de barre qui peut recevoir des chaloupes de pêche à un quart de flot, & un village de Pêcheurs ſitué au fond d'une petite baie, où il y a un mouillage par 6, 8, 10 & 12 braſſes; le fond n'eſt pas des meilleurs, & vous êtes expoſé aux vents de près de la moitié du compas.

GRAND-BANC. Le cap de *Grand-Banc* eſt une pointe aſſez élevée, ſituée à une lieue & au N. E. de *Fortune*. Dans l'Eſt du Cap, eſt une anſe nommée *Ship cove* (anſe aux Vaiſſeaux), dans laquelle il y a bon mouillage par 8 & 10 braſſes; les bâtimens y ſont à l'abri des vents de la partie du S. de l'O. & du N. O. *Grand Banc* eſt ſitué à l'E. S. E. & à une demi-lieue du Cap de ce nom: c'eſt un village habité par des Pêcheurs, & un havre de barre qui peut recevoir des chaloupes de pêche à un quart de flot. C'eſt à cet endroit, ainſi qu'à *Fortune*, que ſe raſſemblent les équipages des bâtimens pêcheurs qui ont leurs Vaiſſeaux mouillés au havre *Breton*. Du cap de *grand Banc* à la *Pointe Enragée*, la route eſt N. E. 3° E. & la diſtance de huit lieues. Le Cap & cette pointe forment une baie dont les côtes ſont baſſes, avec pluſieurs graves de ſable, derrière leſquelles ſont des havres de barre qui peuvent recevoir des chaloupes au flot : le plus grand de ces havres ſe nomme *grand Garnish*, il eſt ſitué à cinq lieues de *grand Banc*. Il eſt reconnoiſſable au moyen de pluſieurs rochers au-deſſus de l'eau, ſitués au-devant de ce havre ; ceux de ces rochers qui ſont le plus en-dehors, à deux milles de la côte, ſont acores ; mais entr'eux & la côte il y a des roches ſous l'eau qui ſont dangereuſes ; du côté de l'Eſt & en-dedans de ces rochers eſt une anſe appelée l'*Anſe des François*, dans laquelle de petits bâtimens peuvent mouiller par 4 & 5 braſſes d'eau, & où ils ſont aſſez bien abriés des vents du large. Cet endroit paroît être commode pour la pêche de la morue. La paſſe pour entrer dans cette anſe eſt du côté de l'Eſt des rochers qui s'élèvent le plus au-deſſus de la ſurface de l'eau : entre ces rochers & quelques autres moins élevés qui s'étendent dans l'Eſt de la pointe orientale de l'anſe, il y a, preſque dans le milieu de cette paſſe, une roche ſous l'eau à laquelle il faut prendre garde. Vous pouvez mouiller par-tout ſous la côte, entre *grand Banc* & *grand Garnish*, par 8 & 10 braſſes d'eau, mais vous ne ſerez abrié que des vents de terre.

GRAND-GARNISH.

Anſe des FRANÇOIS.

Mouillage.

La *Pointe Enragée* eſt baſſe, mais à quelque diſtance dans l'intérieur du pays, la terre eſt haute : on peut reconnoître cette pointe par deux mondrains qui s'élèvent

Pointe ENRAGÉE.

tout près de la côte; mais ſi vous n'en êtes pas très-proche, l'élévation des terres hautes vous empêchera de les apercevoir; tout près de la pointe eſt une roche ſous l'eau.

De la *Pointe Enragée* au fond de la baie, la route eſt d'abord N. E. 3° E. l'eſpace de trois lieues juſqu'au *grand Jervey*, enſuite N. E. ¼ E. 5° E. l'eſpace de ſept lieues & demie juſqu'au fond de la baie. La terre en général, le long de la côte du Sud, eſt élevée, acore & d'une hauteur inégale; elle offre à la vue des collines & des vallées de diverſe étendue; les vallées ſont pour la plupart boiſées & arroſées de petits ruiſſeaux.

Baie de L'ARGENT.

A ſept lieues dans l'Eſt de la *Pointe Enragée*, eſt la baie de l'*Argent*, dans laquelle vous pouvez mouiller par 30 ou 40 braſſes, & à l'abri de tous vents.

Le havre MILLÉE.

L'entrée du havre *Millée* eſt dans l'Eſt de la pointe orientale de la baie de l'*Argent*: au-devant de ce havre & de la baie de l'*Argent*, eſt un rocher remarquable qui, à quelque diſtance, reſſemble à une chaloupe ſous voile. Le havre *Millée* ſe diviſe en deux bras, dont l'un s'étend dans le N. E. & l'autre vers l'E. Au fond de ces deux bras il y a un bon mouillage & diverſes eſpèces de bois: entre ce havre & la *Pointe Enragée*, il y a pluſieurs havres de barre dans de petites baies où ſe trouvent des graves de ſable, par le travers deſquelles les bâtimens peuvent mouiller; mais ils ſont obligés de le faire très-près de la côte pour n'avoir pas trop de fond.

Cap MILLÉE.

Le cap *Millée* eſt ſitué au N. N. E. 5° E. à une

lieue du rocher *la chaloupe*, mentionné ci-dessus ; & à environ trois lieues de la pointe de la baie de *Fortune*, est un haut rocher stérile & de couleur rougeâtre. La largeur de la baie de *Fortune* prise au cap *Millée*, n'excède pas une demi-lieue ; mais immédiatement au-dessous de ce Cap, cette baie a deux fois autant de largeur, ce qui rend ce Cap très-reconnoissable ; au-dessus de ce Cap la terre des deux côtés est haute, & présente à la vue des rochers escarpés. Le fond de cette baie est terminé par une grave basse, derrière laquelle est un étang considérable, ou havre de barre, dans lequel les chaloupes peuvent entrer au quart du flot. Dans ce havre, ainsi que dans tous les havres de barre, situés entre celui-ci & *grand Banc*, on trouve des emplacemens commodes pour construire des chaffauds & de bonnes graves pour sécher le poisson d'un grand nombre de chaloupes.

Havre de GRAND-LE PIERRE.

Grand le Pierre est un bon havre situé au côté du Nord de la baie, à une demi-lieue du fond. Vous ne pourrez voir l'entrée de ce havre que lorsque vous serez par son travers ; vous ne trouverez aucun écueil en y entrant, & vous pourrez mouiller avec tout brassiage depuis 8 jusqu'à 4 brasses : vous y serez abrié de tous les vents.

Le havre ANGLOIS.

Le havre *Anglois* est un peu dans l'Ouest de *Grand le Pierre*. Il est très-petit, & n'est bon que pour des chaloupes & de petits bâtimens.

Petite baie de L'EAU.

Dans l'Ouest du havre *Anglois* est une petite baie, nommée *petite baie de l'Eau ;* on y trouve quelques petites Iles, derrière lesquelles les petits bâtimens sont à l'abri.

NEW-HARBOUR.

Ce havre est situé vis-à-vis le cap *Millée,* dans l'Ouest de la baie de *l'Eau ;* ce n'est qu'un petit enfoncement qui offre cependant un bon mouillage sur le côté de l'Ouest, par 9, 8, 7 & 5 brasses d'eau : on y est à l'abri des vents de S. O.

Le havre FEMME.

Le havre *Femme,* qui est à une demi-lieue dans l'Ouest de *New-Harbour,* s'étend dans le N. E. l'espace d'une demi-lieue ; il est très-étroit & a 23 brasses d'eau. Devant l'entrée de ce havre est une Ile, près de laquelle il y a quelques rochers qui découvrent : la passe pour entrer dans le havre est du côté de l'Est de l'Ile.

BREWER'S-HOLE.

A une lieue dans l'Ouest du havre *Femme* est une petite anse nommée *Brewer's-hole* (le trou du Brasseur) qui offre un abri pour des chaloupes de pêche. Devant cette anse est une petite Ile près de la côte, & quelques rochers au-dessus de l'eau.

Havre LE-CONTE.

Ce havre est situé à un mille dans l'Ouest de *Brewer's-hole ;* il y a au-devant deux Iles, dont l'une est en-dehors de l'autre : celle qui est la plus en-dehors & qui est aussi la plus considérable, est assez élevée, & s'étend dans le même alignement que la côte ; il n'est pas aisé de la distinguer du Continent lorsqu'on range la côte. Si l'on veut entrer dans ce havre, la meilleure passe est du côté de l'Ouest de l'Ile située en-dehors, & entre les deux. Aussi-tôt que vous commencez à ouvrir le havre, il convient de ranger l'Ile ſituée le plus en-dedans, afin d'éviter quelques roches ſous l'eau, ſituées près d'une petite Ile, que vous apercevrez entre la pointe N. E. de l'Ile en-dehors & la pointe oppoſée du Continent, & pour éviter également une autre roche ſous l'eau, ſituée plus avant du côté du Continent; cette roche découvre à baſſe mer. Auſſi-tôt que vous aurez dépaſſé ces écueils, vous pourrez gouverner ſur le milieu du chenal juſqu'à ce que vous ayez ouvert un beau baſſin ſpacieux, dans lequel vous pourrez mouiller avec tout braſſiage depuis 5 juſqu'à 17 braſſes d'eau, & à l'abri de tous vents: le fond eſt de ſable & de vaſe. Dans l'Eſt de l'Ile ſituée en-dehors, eſt une petite anſe qui eſt bonne pour de petits bâtimens & des chaloupes, & qui fournit les choſes néceſſaires pour la pêche.

LONG-HAVRE.

Long-Harbour (le long Havre) eſt ſitué à quatre milles dans l'Oueſt du *Havre-le-Conte*, & au N. E. $\frac{1}{4}$ N. à cinq lieues de la *Pointe Enragée;* Il eſt reconnoiſſable par une petite Ile ſituée à ſon entrée, nommée *Ile Gull.* A un demi-mille en-dehors de cette Ile, eſt un rocher au-deſſus de l'eau, qui a l'apparence d'une petite chaloupe; il y a une paſſe pour entrer dans le havre, de chaque côté de l'Ile; mais la paſſe, du côté de l'Oueſt, eſt la plus large: preſque dans le milieu de cette paſſe, un peu en-dehors de l'Ile, eſt un Récif, ſur lequel il y a 2 braſſes d'eau. Un peu en-dedans de l'Ile, au S. E. il y a quelques roches ſous l'eau, environ à deux encablures de la côte, & ſituées par le travers de deux anſes de ſable : quelques-unes de ces roches découvrent de baſſe mer. Au côté du N. O. du havre, & à deux milles en-dedans de l'Ile, eſt une anſe nommée l'anſe de *Morgan*, dans laquelle vous pouvez mouiller par 15 braſſes d'eau. C'eſt le ſeul endroit où vous puiſſiez mouiller, à moins que vous n'entriez dans les détroits ou que vous ne les dépaſſiez ; par-tout ailleurs il y a trop de fond. Ce havre s'étend l'eſpace de cinq lieues dans l'intérieur du pays ; il y a au fond du havre un établiſſement pour la pêche du Saumon.

BELLE-BAIE.

Un peu dans l'Oueſt de *Long-Harbour*, eſt une baie nommée *Belle-baie*, laquelle s'étend l'eſpace de 3 lieues de tous côtés, & renferme pluſieurs baies & havres.

Havre aux LIÈVRES.

A la pointe de l'Eſt de cette baie ſe trouve *Hare-Harbour* (le havre aux Lièvres), qui n'eſt bon que pour de petits bâtimens & chaloupes. Devant ce havre il y a deux petites îles & quelques rochers au-deſſus & au-deſſous de l'eau.

MALL-BAIE.

A deux milles dans le Nord de *Hare-Harbour* ou de la pointe de *Belle-baie*, vous trouvez la baie de *Mall-baie* (mauvaiſe baie). C'eſt un bras étroit qui s'étend dans le N. E. $\frac{1}{4}$ N. l'eſpace de 5 milles, & dans lequel il y a un grand braſſiage, & point de mouillage qu'au fond de la baie.

Iles de RENCONTRE.

Les îles de *Rencontre* ſont ſituées dans l'Oueſt de *Mall-baie* près de la côte : la plus occidentale de ces Iles, qui eſt la plus grande, communique avec le Continent

Continent à basse-mer. Les petits bâtimens & chaloupes trouvent de l'abri dans cette île & autour d'elle.

BELL-HARBOUR.

Le havre nommé *Bell-harbour* est situé à une lieue dans l'Ouest des îles de *Rencontre:* la passe pour entrer dans ce havre est au côté de l'Ouest de l'Ile ; à l'entrée de ce havre, aussi-tôt que vous serez en-dedans de l'Ile, vous découvrirez une petite anse qui est au côté de l'Est ; les petits bâtimens peuvent y mouiller ; mais les gros bâtimens sont obligés de remonter vers le fond du havre, & de mouiller par 20 brasses ; il y a un plus grand évitage en cet endroit.

Anse de LALLY.

L'anse nommée de *Lally* est dans l'Ouest de *Bell-harbour:* c'est un endroit fort commode pour de petits bâtimens : ils y sont abriés de tous les vents derrière l'Ile située dans l'anse.

Anse derrière celle de LALLY.

La *Tête de Lally* est la pointe de l'Ouest de l'anse de *Lally :* elle est haute, acore & blanche. Dans le Nord de cette pointe est une anse nommée *Lally cove back cove* (l'anse de derrière l'anse Lally), dans laquelle vous pouvez mouiller par 16 brasses d'eau.

Baie de L'EST & baie du NORD.

A deux milles dans le Nord de la pointe de l'anse de *Lally,* se trouvent la *Baie de l'Est* & la *Baie du Nord:* dans ces deux baies il y a beaucoup de fond & point de mouillage, excepté très-près de la côte. Au fond de la *Baie du Nord* est la plus grande rivière qu'il y ait dans la baie de *Fortune:* elle paroît fort avantageuse pour la pêche du saumon.

Baie des CINQ ILES.

La Baie des *cinq Iles* est située dans le Sud de la

Baie du Nord, vis-à-vis la pointe de l'anſe de *Lally*; il y a un aſſez bon mouillage pour de gros bâtimens, au côté du S. O. des Iles dans le fond de la baie : le bras du Nord eſt un endroit fort commode pour de petits bâtimens, & au fond de ce bras il y a une riviere où l'on pêche du ſaumon.

Baie CORBEN.

Un peu au Sud de la baie des *cinq Iles*, eſt la baie *Corben*, dans laquelle il y a un bon mouillage pour tous Vaiſſeaux quelconques, par 22 & 24 braſſes d'eau.

Ile BELLE & île au CHIEN.

Au S. E. à environ deux milles de la pointe de l'anſe de *Lally*, il y a deux Iles éloignées d'environ un mille l'une de l'autre : l'Ile la plus au N. E. s'appelle l'*île Belle*, l'autre ſe nomme l'*île au Chien*; elles ſont aſſez hautes & acores tout autour.

Entre l'île *au Chien* & l'île nommée *Lord & Lady* qui eſt ſituée par le travers de la pointe S. de la baie *Corben*, il y a une roche ſous l'eau un peu plus près de l'île de *Lord & Lady* que de l'île *au Chien*, ſur laquelle la mer briſe dans les gros temps; & tout autour de cette roche il y a un très-grand fond. Environ à un quart de mille dans le N. de l'extrémité ſeptentrionale de l'île de *Lord & Lady*, eſt un rocher qui découvre à baſſe-mer.

Baie & havre de BANDE DE LARIER.

La Baie nommée *Bande de Larier* eſt ſituée à la pointe de l'Oueſt de *Belle-Baie*, & au N. N. O. 5° O. à près de 3 lieues de la Pointe *Enragée*. Cette baie eſt reconnoiſſable par une montagne très-haute qui eſt au-delà de la baie, & s'élève preſque perpendiculairement du bord de la mer : cette montagne ſe nomme *Iron-Head* (Tête de fer). L'île *Chapelle*, qui forme le côté de l'eſt de la baie, eſt auſſi une terre haute. Le havre eſt ſitué au côté de l'Oueſt de la baie, préciſément en-dedans d'une pointe formée par une grave baſſe & étroite : ce havre eſt très-petit, mais il eſt ſitué très-favorablement pour la pêche de la morue; il y a un aſſez bon mouillage le long de la côte de l'Oueſt de la baie, en remontant du havre vers *Iron-Head*, ou la Tête de fer, par 18 & 20 braſſes d'eau.

Banc de BANDE DE LARIER.

Le banc de *Bande de Larier*, ſur lequel il n'y a pas moins de 7 braſſes, eſt ſitué dans l'alignement de la grave du havre de *Bande de Larier*, avec la pointe de l'Oueſt, à l'endroit où la pointe de *Boxey* reſte par l'extrémité du Nord de l'île de *Saint-Jacques*.

SAINT-JACQUES.

A deux milles dans l'Oueſt de *Bande de Larier*, eſt le havre de *Saint-Jacques*. Il eſt fort reconnoiſſable par une Ile qui eſt ſituée au-devant : cette Ile eſt élevée à ſes extrémités, & baſſe dans le milieu : à une certaine diſtance, elle paroît former deux Iles : elle eſt ſituée au N. 30 degrés E. à 8 lieues & demie du cap de *Grand Banc*, & au N. E. $\frac{1}{4}$ E. diſtance de ſept lieues de l'extrémité orientale de *Brunet*. La paſſe pour entrer dans ce havre eſt au côté de l'Oueſt de l'Ile. On ne trouve pas le moindre danger en y entrant, ni dans aucune partie du havre. On peut mouiller avec tout braſſiage depuis 17 juſqu'à 4 braſſes.

PIGNON-BLEU.

A deux milles dans l'Ouest de *Saint-Jacques* est le havre de *Pignon-bleu.* Il n'est pas à beaucoup près aussi grand ni aussi sûr que celui de *Saint-Jacques.* Vers le fond du havre & du côté de l'Ouest, il y a un haut fond sur lequel on trouve 2 brasses d'eau à basse-mer.

Anse ANGLOISE.

Un peu dans l'Ouest de *Pignon-bleu* est l'anse nommée *English Cove* (Anse Angloise). Cette anse est très-petite: les petits bâtimens & les chaloupes peuvent y mouiller. Il y a une petite Ile devant l'anse & très-près de la côte.

Pointe de BOXEY.

La pointe nommée de *Boxey* est au S. O. $\frac{1}{4}$ O. 3° O. à deux lieues & demie de l'île *Saint-Jacques*, au N. N. E. à environ sept lieues du cap de *Grand-Banc*, & au N. E. 5° E. à 13 milles de l'extrémité orientale de l'île *Brunet.* Elle est d'une moyenne hauteur, & s'avance plus vers le Sud qu'aucune autre terre de la côte; elle peut être aperçue à une distance considérable. Il y a quelques roches sous l'eau par le travers de cette pointe; mais elles sont situées très-près de la côte & ne sont pas dangereuses.

Havre de BOXEY.

Au N. N. E. & à trois milles de la pointe de *Boxey*, est le havre de *Boxey.* Pour y entrer, il faut mettre la pointe de *Boxey* par le cap de *Fryer* (cap Noir un peu en-dedans de la pointe) : suivant cette direction on se conservera dans le milieu du chenal, entre les hauts fonds qui sont situés par le travers de chaque pointe du havre où sont les chafauds : aussi-tôt qu'on sera en-dedans de ces hauts fonds, qui mettent à l'abri des vents du large, on pourra mouiller par 5 & 4 brasses d'eau, fond de sable fin.

A l'Oueſt & à un mille de la pointe de *Boxey* eſt ſituée l'île de *Saint-Jean,* qui eſt aſſez élevée & acore, excepté à la pointe du N. E. par le travers de laquelle il y a un haut fond à une petite diſtance. Ile, pointe, baie & havre de S. JEAN.

Au N. O. & à une demi-lieue de l'île de *Saint-Jean,* eſt la pointe de *Saint-Jean.* Cette pointe eſt élevée & acore. Entre la pointe de *Saint-Jean* & la pointe de *Boxey,* eſt la baie de *Saint-Jean,* au fond de laquelle ſe trouve le havre de *Saint-Jean.* Il n'y a que les chaloupes qui puiſſent entrer dans ce havre, où il y a peu de fond.

Au côté du Nord de la pointe de *Saint-Jean* ſont deux îles de rochers qu'on nomme *Gull* & *Shag;* à l'extrémité de l'Oueſt de ces Iles, il y a quelques roches ſous l'eau. GULL & SHAG.

A une lieue & demie dans le Nord de la pointe de *Saint-Jean* ſe trouve la *grande baie de l'Eau,* où il y a bon mouillage par différens fonds, & où l'on eſt à l'abri de tous vents : la meilleure paſſe pour y entrer eſt par le côté de l'Eſt de l'Ile ſituée à ſon ouverture. Il n'y a que des petits bâtimens & des chaloupes qui puiſſent entrer dans cette baie par le côté de l'Oueſt de l'Ile. Grande baie de L'EAU.

A l'Oueſt de la *baie de l'Eau,* & à trois milles au N. N. O. de la pointe de *Saint-Jean,* eſt la *petite Baie de Barryſway,* où il y a, du côté de l'Oueſt, un bon mouillage pour de gros bâtimens par 7, 8 ou 10 braſſes d'eau. On trouve dans cette baie tout ce qui convient pour la pêche, avec de l'eau & du bois en abondance. Petite baie de BARRY-SWAY.

Le havre BRETON.

Le havre *Breton* eſt à l'Oueſt de la *petite baie de Barryſway*, au Nord, à une lieue & demie de l'île de *Sagona*, & au N. $\frac{1}{4}$ N. E. de l'extrémité orientale de *Brunet*. Les deux pointes qui forment l'entrée de ce havre ou baie ſont aſſez élevées & giſſent E. N. E. & O. S. O. à environ 2 milles l'une de l'autre. Près de la pointe de l'Eſt eſt un rocher au-deſſus de l'eau, au moyen duquel on peut la reconnoître. Il n'y a aucun danger à craindre en entrant dans cette baie, juſqu'à ce qu'on ait longé la pointe du Sud du bras du S. O. qui eſt à plus d'un mille en-dedans de la pointe de l'Oueſt. On trouve par le travers de cette pointe & à la diſtance de deux encablures environ, un récif qui s'étend au N. E. Le ſeul mouillage pour les vaiſſeaux de Roi, eſt au-delà de cette pointe, devant le bras du S. O. par 16 ou 18 braſſes d'eau; il faut affourcher preſque E. & O. & ſi près de la côte qu'on amène la pointe de l'Eſt par la pointe mentionnée ci-devant. Le fond eſt très-bon & l'endroit fort commode pour faire de l'eau & du bois.

Bras du Sud-oueſt.

Le bras du S. O. peut contenir un grand nombre de bâtimens de commerce, & l'on y trouve tout ce qui convient pour la pêche.

Havre de JERSEYMANS.

A l'oppoſé du bras du S. O. eſt le bras du N. E. ou le havre nommé *Jerſeyman's-Harbour*, qui eſt capable de contenir un grand nombre de bâtimens, à l'abri de tous vents. Pour y entrer, il faut mettre la pointe nommée *Thompſon's-Beach* (la grave de Tompſon), qui eſt la pointe de grave à l'entrée du bras du

S. O. par la pointe de *Jerſeyman* qui eſt une pointe élevée & acore au Nord de l'entrée du havre de *Jerſeyman.* Cette marque vous conduira au-delà de la barre dans la meilleure partie du chenal, où vous trouverez 3 braſſes d'eau de baſſe-mer. Auſſi-tôt que vous ouvrirez le havre, portez au Nord & mouillez dans l'endroit le plus convenable, par 8, 7 ou 6 braſſes d'eau, bon fond, & à l'abri de tous vents. Il y a dans ce havre pluſieurs emplacemens convenables pour dreſſer des chaffauds, avec des graves ſpacieuſes. Les bâtimens de *Jerſey* mouillent ordinairement dans ce havre, & les équipages vont ſaler leur poiſſon à *Fortune* & à *Grand-Banc.*

Ile GULL & baie des MORTS.

Du havre *Breton* à l'extrémité occidentale de *Brunet* & aux *Iles Plates*, la route eſt S. O. $\frac{1}{4}$ S. & la diſtance de ſix lieues & demie juſqu'à l'Ile *Plate* la plus Sud. Du havre *Breton* au cap *Miquelon*, la route eſt S. O. 3° O. & la diſtance dix lieues. De la pointe de l'Oueſt du havre *Breton* au cap *Cannaigre*, la route eſt O. $\frac{1}{4}$ S. O. & la diſtance de deux lieues. Entre ces deux pointes ſont l'île *Gull* & la baie nommée *Deadman's-Bay* (baie des Morts). L'île *Gull* ſe trouve au-deſſous & tout près de la terre, à 2 milles à l'Oueſt du havre *Breton.*

La Baie *des Morts* eſt dans l'Oueſt de l'île *Gull*, & on y peut mouiller avec les vents de terre. Entre le havre *Breton* & le cap *Cannaigre*, il y a un banc qui s'étend par le travers de la côte l'eſpace de deux &

trois milles, ſur lequel on trouve différens ſonds depuis 34 juſqu'à 4 braſſes d'eau. Les Pêcheurs diſent avoir vu la mer briſer dans des gros temps à une aſſez grande diſtance en-dehors de l'île *Gull.*

Cap CANNAIGRE.

Le cap *Cannaigre* qui forme la pointe de l'Eſt de la baie de même nom, eſt au N. E. à trois lieues & demie de l'extrémité occidentale de *Brunet.* C'eſt une pointe haute & eſcarpée qu'il eſt facile de diſtinguer, ſous quelques points de vue qu'on l'aperçoive. De cette pointe à la pointe de *Baſſiarre*, la route eſt O. $\frac{1}{4}$ N. O. 5° Nord, & la diſtance de deux lieues : la route eſt auſſi l'O. $\frac{1}{4}$ N. O. 5° N. & la diſtance de trois lieues & demie aux rochers de l'île de la *Paſſe ;* mais pour parer ces rochers, la meilleure route eſt l'O. $\frac{1}{4}$ N. O. Entre le cap *Cannaigre* & la pointe de *Baſſiarre*, il y a la baie

Baie de CANNAIGRE.

Cannaigre qui s'étend à environ quatre lieues dans les terres. Au fond de cette baie il y a une rivière où l'on pêche du ſaumon : à l'entrée de la baie ſont des rochers

Rochers de CANNAIGRE.

de même nom au-deſſus de l'eau : on peut les approcher de très-près, n'y ayant d'autres dangers que ceux qui ſont viſibles. Le chenal entre ces rochers & la côte du Nord eſt un peu dangereux à cauſe d'une chaîne de roches qui ſe trouve le long de la côte, & s'étend l'eſpace d'un mille.

Havre de CANNAIGRE.

Le havre de *Cannaigre* qui eſt très-petit & où l'on trouve 7 braſſes d'eau, eſt en-dedans d'une pointe au côté du Sud de la baie, à cinq milles au-deſſus du cap de *Cannaigre :* la paſſe pour y entrer eſt du côté

du

du S. E. de l'île qui eſt devant ce havre. À peu-près au milieu de la baie & par le travers de ce havre ſont deux Iles aſſez élevées; au côté du Sud de l'Ile la plus occidentale, qui eſt la plus grande, il y a quelques rochers au-deſſus de l'eau.

Anſe de DAWSON.

Cette anſe eſt du côté du Nord-oueſt de la baie; elle reſte au Nord, à la diſtance d'environ quatre milles du cap de *Cannaigre*, & à l'Eſt, à deux milles de l'extrémité de l'Oueſt de la grande Ile. On y trouve tout ce qui convient pour la pêche, & un bon mouillage pour les bâtimens, par 6 & 5 braſſes d'eau: mais on y ſera expoſé aux vents du Sud. Entre la pointe du S. O. de cette anſe & la pointe de *Baſſtarre*, qui eſt à la diſtance de 5 milles, ſe trouve la chaîne de rochers, dont on a fait mention ci-deſſus.

Pointe de BASSTARRE.

La pointe de *Baſſtarre*, qui forme la pointe de l'Oueſt de la baie de *Cannaigre*, eſt d'une moyenne hauteur, point boiſée & acore par-tout juſqu'à l'île de *la Paſſe*, qui reſte au N. O. $\frac{1}{4}$ O. & à une lieue de la pointe de *Baſſtarre*.

Remarques.

La terre du côté du Nord de la baie de *Fortune*, eſt pour la plus grande partie montagneuſe; elle s'élève du bord de la mer en montagnes eſcarpées & ſtériles qui s'étendent à quatre ou cinq lieues dans l'intérieur des terres: on y trouve un grand nombre de ruiſſeaux & d'étangs. Du côté du Sud de la baie de *Fortune*, la terre ſe préſente ſous un aſpect différent de celui de la côte du Nord; il y a moins de montagnes eſcarpées &

beaucoup plus de bois, ou une espèce de broussailles qui offre à la vue une verdure agréable.

Ile de LA PASSE. L'Ile de *la Passe* est au Nord 16 degr. 30 minutes E. & à sept lieues & demie du cap *Miquelon*. Cette Ile forme l'extrémité N. O. de la baie de *Fortune*, & se trouve très-près de la côte; elle a plus de deux milles de tour & est assez élevée. Au côté du Sud-ouest, il y a plusieurs rochers au-dessus de l'eau, lesquels s'étendent à un mille de l'Ile; & au côté du N. O. il y a une roche sous l'eau, à un quart de mille. Le passage entre cette Ile & le Continent, qui a environ deux encablures de large, est très-sûr pour de petits bâtimens, & on peut y mouiller par 6 brasses, fond de sable fin; cette Ile est très-bien située pour la pêche de la morue, y ayant aux environs un bon fond de pêche.

Pendant la nuit, ou par un temps de brume, les BRASSIAGES. Navires doivent être en garde contre les brassiages de la baie de *Fortune;* une trop grande confiance à cet égard pourroit donner lieu à des erreurs fatales. On trouve plus de fond en plusieurs endroits près de la côte, & dans plusieurs des baies & havres situés dans cette baie, qu'au milieu de la baie même.

*Description de la Baie de l'*Hermitage.

De l'Ile de *la Passe* au havre du *Grand-Jervis*, situé à l'entrée de la baie du *Désespoir*, la route est N. $\frac{1}{4}$ N. E. 3° E. & la distance d'environ trois lieues; & de l'île de *la Passe* à l'extrémité de l'Ouest de l'Ile *Longue*, la route est

N. N. E. & la diſtance de huit milles. Entre ces deux Iles eſt ſituée la baie de l'*Hermitage*, qui s'étend dans l'E. N. E. à huit lieues de l'Ile de *la Paſſe;* on trouve beaucoup de fond dans preſque toutes les parties de cette baie.

Iles aux RENARDS.

Les deux îles de *Fox* ou îles *aux Renards*, qui ſont de petites Iles, ſont ſituées à peu-près dans le milieu de la *Baie de l'Hermitage*, à trois lieues & demie de l'*Ile de la Paſſe:* près de ces Iles, il y a un bon fond pour la pêche.

Anſe de L'HERMITAGE.

L'anſe de l'*Hermitage* eſt dans la partie du Sud de la baie, vis-à-vis les îles *aux Renards*. Pour y entrer, il faut gouverner entre les Iles & la côte du Sud, où il n'y a pas le moindre danger. Il y a dans cette anſe un bon mouillage, par 8 & 10 braſſes-d'eau, & tout ce qui convient pour la pêche, avec de l'eau & du bois en abondance.

Ile LONGUE.

L'île *Longue*, qui ſépare la baie du *Déſeſpoir* de celle de l'*Hermitage*, eſt d'une forme triangulaire, & d'environ huit lieues de tour; elle eſt aſſez élevée & montagneuſe, d'une ſurface inégale & ſtérile. Le paſſage de la baie de l'*Hermitage* dans la baie du *Déſeſpoir*, du côté de l'Oueſt, eſt près de l'extrémité occidentale de l'île *Longue;* à environ un demi-mille de la pointe du S. O. de ladite Ile, il y a deux rochers au-deſſus de l'eau, autour deſquels on trouve beaucoup de fond.

Havre de L'ILE LONGUE.

Le havre de l'île *Longue* eſt dans la partie du Sud de ladite Ile, à 2 milles & demi de l'extrémité de l'Oueſt:

il y a au-devant une Ile & plusieurs rochers au-dessus de l'eau ; & de chaque côté de l'Ile, est une passe étroite pour entrer dans le havre. Ce havre est formé par deux bras, dont l'un s'étend dans le Nord & l'autre dans l'Est : ces deux bras sont très-étroits, & ont depuis 42 jusqu'à 7 brasses d'eau. Le bras de l'Est est le plus profond & le meilleur pour le mouillage.

Havre ROND.

Le havre *Rond*, dans lequel on trouve 6 brasses d'eau, est situé à environ 2 milles dans l'Est du havre de l'île *Longue* & sur la côte de l'île *Longue ;* il ne peut recevoir que de très-petits bâtimens, parce que le chenal pour y entrer est fort étroit.

Havre PICARRE.

Le havre *Picarre* est au N. $\frac{1}{4}$ N. O. & à une demi-lieue de la petite île *aux Renards*, qui est la plus orientale des îles *aux Renards.* Pour y entrer, il faut ranger de près la pointe de l'Ouest, afin d'éviter quelques roches sous l'eau, situées par le travers de l'autre pointe, & mouiller dans la première anse sur le côté de l'Est, par 9 & 10 brasses, où l'on est à l'abri de tous vents.

GALTAUS.

Le havre *Galtaus*, qui est fort petit, est près de la pointe orientale de l'île *Longue :* il y a à l'entrée plusieurs Iles de roches. Le meilleur chenal pour entrer dans ce havre, est du côté de l'Ouest de ces Iles ; on y trouve 4 brasses d'eau ; mais dans le havre, il y a depuis 15 jusqu'à 24 brasses. Il y a ici divers emplacemens convenables pour élever des chafauds ; ce *Havre*, & celui de *Picarre*, sont situés très-avantageusement pour la pêche, étant à proximité du fond de pêche des environs des îles *aux Renards.*

Entre l'extrémité orientale de l'île *Longue* & le Continent, il y a une très-bonne passe pour sortir de la baie de l'*Hermitage* & entrer dans la baie du *Désespoir.* Passe de L'ILE LONGUE.

Description de la Baie du Désespoir.

L'ENTRÉE de la baie du *Désespoir* est entre l'extrémité occidentale de l'île *Longue* & l'île du *Grand Jervis* (Ile située à l'entrée du havre du même nom). La distance de l'une à l'autre est d'un mille & un quart; & dans le milieu, entre ces Iles, on ne trouve point de fond à 280 brasses.

La baie du *Désespoir* forme deux bras considérables, dont l'un s'étend au N. E. l'espace de huit lieues, & l'autre vers le Nord l'espace de cinq lieues. Dans le bras du *Nord,* il y a beaucoup de fond & point de mouillage, excepté dans les petites baies & anses qui sont des deux côtés de ce bras. Au fond de la baie de l'*Est,* qui est un bras de la baie du *Nord,* il y a une très-belle rivière à saumon, & du bois en abondance. Dans le bras du N. E. de la baie du *Désespoir,* on trouve plusieurs bras & Iles, avec un assez bon mouillage dans quelques parties. Les rivières nommées *Petite-Rivière* & *Rivière de Conne,* sont regardées comme de bons endroits pour la pêche du saumon. On trouve aux environs de ces rivières & au fond de la baie beaucoup de bois de toutes espèces, comme sapin, pin, bouleau, &c. Tout le pays aux environs de l'entrée de la baie du *Déſeſpoir*, & aſſez avant en remontant cette baie, eſt montagneux & ſtérile ; mais vers le fond de la baie, c'eſt une terre aſſez unie & bien boiſée.

Havre du GRAND-JERVIS.

Le havre du *Grand Jervis* eſt ſitué à l'entrée de la baie du *Déſeſpoir*, du côté de l'Oueſt : ce havre eſt ſûr, & offre un bon mouillage dans toutes ſes parties, par 16, 18 ou 20 braſſes. Quoique petit, il peut contenir un grand nombre de bâtimens, qui y ſeront à l'abri de tous vents, & très à portée de faire de l'eau & du bois. Il y a une paſſe pour entrer dans ce havre des deux côtés de l'île du *Grand Jervis*. La paſſe du Sud eſt la plus ſûre, n'y ayant d'autre danger que la côte même. Pour entrer dans le havre par le Nord de l'Ile, il faut ſe tenir dans le milieu de la paſſe, juſqu'à ce que l'on ſoit en-dedans de deux petits rochers au-deſſus de l'eau, ſitués très-près l'un de l'autre du côté de ſtribord, un peu en-dedans de la pointe du Nord de la paſſe; on amènera alors ladite pointe du Nord entre ces rochers, & on gouvernera pour entrer dans le havre; cette route fera parer quelques roches qui couvrent par le travers de la pointe occidentale de l'Ile : ces roches découvrent de baſſe-mer. L'entrée de ce havre eſt reconnoiſſable par l'extrémité orientale de l'île du *Grand Jervis*, qui eſt une pointe haute, roide & eſcarpée, nommée Pointe du *Grand Jervis*, & qui forme la pointe *Nord* de l'entrée du havre, du côté du Sud.

Suite de la Description générale.

BONNE-BAIE.

BONNE-BAIE eſt à une lieue dans l'Oueſt de la pointe du *Grand Jervis* & au Nord, à 7 milles de l'île de *la Paſſe*. Il y a pluſieurs Iles à ſon entrée : la plus à l'Oueſt eſt la plus grande & la plus haute. La meilleure paſſe pour entrer dans la baie, eſt dans l'Eſt de la plus grande Ile, entre cette Ile & les deux Iles les plus à l'Eſt ; ces deux Iles ſont reconnoiſſables par un rocher au-deſſus de l'eau, ſitué par le travers de la pointe du Sud de chacune de ces Iles. La baie s'étend dans le N. N. O. l'eſpace de 4 milles, & a environ un demi-mille de large dans ſa partie la plus étroite. Il n'y a d'autres dangers à craindre, pour y entrer, que ceux qui ſont viſibles : on peut paſſer de l'un ou de l'autre côté de l'île de *Drake*, qui eſt une petite Ile ſituée vers le milieu de la baie ; entre cette Ile & deux autres petites qui ſont au côté de l'Oueſt de la baie, en-dedans de la *grande Ile*, on peut mouiller par 20 & 30 braſſes ; mais le meilleur mouillage pour les gros bâtimens eſt au fond de la baie, par 12 ou 14 braſſes, fond net : ce mouillage eſt ſitué avantageuſement pour faire de l'eau & du bois. Au côté de l'Oueſt de la baie & par le travers de l'île de *Drake*, eſt un havre très-étroit où peuvent mouiller de petits bâtimens ; on y trouve 7 braſſes d'eau, & ce qui convient pour une pêcherie. Par le travers de la pointe du Sud de l'entrée de ce havre, il y a quelques roches ſous l'eau, environ à une encablure de la côte. Au côté du N. O. de la grande Ile, & en-dedans des deux petites, il y a un très-bon mouillage, par 16, 20 & 24 brasses d'eau, & à l'abri de tous vents. La passe pour aller à ce mouillage, par l'Ouest de la grande Ile, en venant de la mer, est très-dangereuse, parce qu'il y a plusieurs roches sous l'eau dans cette passe, & très-peu de fond; mais il y a une très-bonne passe lorsqu'on vient de la baie, en passant dans le Nord des deux petites Iles, entr'elles & la côte de l'Ouest. Pour entrer dans la baie ou pour en sortir, il ne faut pas trop approcher de la pointe du Sud de la grande Ile, parce qu'il y a quelques roches sous l'eau, à un quart de mille de la côte.

Anse MUSKETA.

Un peu à l'Ouest de *Bonne Baie*, entre cette baie & celle du *Fâcheux*, il y a l'anse nommée *Musketa*, qui est un petit enfoncement dans lequel on trouve depuis 30 jusqu'à 47 brasses d'eau.

Baie du FÂCHEUX & baie du DRAGON.

L'entrée des Baies du *Fâcheux* & du *Dragon* est à l'Ouest, & à 4 milles de *Bonne Baie*, & au N. O. $\frac{1}{4}$ N. à environ trois lieues de l'île de *la Passe*; cette entrée est très-remarquable en mer, ce qui contribue à faire reconnoître aisément cette partie de la côte. *Fâcheux* qui forme le bras le plus à l'Est, s'étend dans le Nord l'espace de deux lieues; & a un tiers de mille de large dans sa partie la plus étroite qui est à l'entrée, il y a beaucoup de fond dans presque toute son étendue. A un mille en remontant la baie, du côté de l'Ouest, on trouve une anse où l'on peut mouiller par 10 brasses,

sur

ſur un fond net, & dont la profondeur augmente à meſure qu'on approche de la côte. Plus avant dans la baie, & du même côté, ſe trouvent deux autres anſes où il y a mouillage, avec du bois & de l'eau en abondance. La *Baie du Dragon* s'étend dans l'O. N. O. l'eſpace d'une lieue, & a environ un demi-mille de large; il y a dans cette baie 60 & 70 braſſes d'eau, & point de mouillage que dans le fond : lorſqu'on y eſt arrivé, il faut mouiller très-près de la côte pour avoir un braſſiage convenable.

A un mille dans l'Oueſt du *Fâcheux* eſt *Little-Hole* (le petit Trou), où les chaloupes trouvent un abri; à une lieue dans l'Oueſt du *Fâcheux*, vous avez le havre de *Richard* qui eſt un endroit commode pour de petits bâtimens & des barques de Pêcheurs; il n'y a pas plus de 23 braſſes. La pointe de l'Eſt de ce havre eſt élevée & très-remarquable; elle eſt à l'O. 5° S. à 7 milles de *Bonne Baie*, & au N. O. 3° O. à trois lieues de l'île de *la Paſſe*.

Petit TROU & havre de RICHARD.

A l'O. $\frac{1}{4}$ N. O. & à une lieue & demie du havre de *Richard*, il y a *Hare Bay* (la baie aux Lièvres), qui s'étend dans le Nord l'eſpace d'environ 5 milles, & qui a environ un tiers de mille de large dans ſa partie la plus étroite. La terre, des deux côtés de cette baie, eſt très-élevée, & la mer très-profonde par-tout, & même tout près des deux côtes. A environ un mille en remontant la baie, & du côté de l'Eſt, on trouve une petite anſe dans laquelle il y a mouillage par 20

Baie aux LIÈVRES.

braſſes, & où le fond augmente à meſure qu'on approche de la côte. A une lieue dans la baie, & du côté de l'Oueſt, eſt un excellent havre dans lequel il y a bon mouillage, par 8, 10, 12 & 15 braſſes, avec de l'eau & du bois en abondance.

Baie du DIABLE.

A l'O. $\frac{1}{4}$ N. O. à 4 milles de la baie *aux Lièvres*, & à une lieue au N. $\frac{1}{4}$ N. O. de la pointe nommée *Hare's Ears* (les Oreilles de Lièvre), vous trouvez la baie *du Diable*; c'eſt un enfoncement étroit, qui s'étend dans le Nord l'eſpace d'une lieue : il y a beaucoup de fond, & point de mouillage qu'à l'extrémité de la baie.

Baie de RENCONTRE.

La baie de *Rencontre*, qui eſt dans le Nord de la pointe des *Oreilles de Lièvre*, s'étend dans l'O. $\frac{1}{4}$ N. O. l'eſpace de deux lieues, & a environ un demi-mille de large dans ſa partie la plus étroite ; on trouve beaucoup de fond dans preſque toute ſon étendue. Pour mouiller dans cette baie, il faut remonter juſqu'à ce que l'on ait dépaſſé une pointe baſſe & boiſée, qui eſt à la partie du Sud ; on rangera alors la côte du Sud juſqu'à ce que l'on ſoit couvert par la terre, & l'on mouillera par 30 braſſes d'eau.

Pointe des OREILLES DE LIÈVRE.

Cette pointe eſt une langue de terre aſſez large, ſurmontée d'un rocher eſcarpé, & qui, ſous certains points de vue, reſſemble aux oreilles d'un Lièvre. Elle eſt ſituée à l'Oueſt, un peu vers le Sud, à 11 milles de la pointe du havre de *Richard*, & à l'O. $\frac{1}{4}$ N. O. 5° N. à ſix lieues de l'île de *la Paſſe*. Par le travers de cette pointe, eſt un banc propre à la pêche, qui s'étend à un mille de la côte, & sur lequel on trouve depuis 20 jusqu'à 36 brasses d'eau.

A un mille au Nord de la pointe des *Oreilles de Lièvre*, & à l'entrée de la baie de *Rencontre*, du côté du Sud-ouest, vous trouvez *New-Harbour* (le nouveau Havre) : c'est un petit havre où il y a mouillage pour de petits bâtimens, par 16 brasses d'eau, & où l'on trouve ce qui convient pour une pêcherie. NEW-HARBOUR.

A l'Ouest & à 2 milles de la pointe des *Oreilles de Lièvre*, vous avez la baie de *Chaleur*, qui s'étend d'abord dans le N. O. ensuite un peu plus vers le Nord, le tout l'espace de deux lieues. Elle a environ un demi-mille de large, & beaucoup de fond dans presque toute son étendue. A l'entrée de la baie, du côté du Nord & tout près de la côte, il y a une petite Ile assez élevée, & à une demi-lieue en-dedans de l'Ile, au côté du N. E. de la baie, est un rocher au-dessus de l'eau. Un peu en-dedans de ce rocher, & du même côté de la baie, il y a une petite anse avec une grave de sable ; on peut mouiller par le travers de cette grave sur 28 brasses, à une encablure de la côte. Baie de CHALEUR.

A l'O. S. O. & environ à une demi-lieue de la *Baie de Chaleur*, vous trouvez la *Baie Françoise*. C'est un petit enfoncement qui s'étend au N. N. O. 5° O. l'espace d'un mille : cette baie a environ un quart de mille de large à son entrée, & 17 brasses d'eau ; mais un peu en-dedans de l'entrée, il y a 50 & 60 brasses; on trouve dans le fond de la baie depuis 30 jusqu'à Baie FRANÇOISE.

20 brasses, un bon mouillage, & les choses convenables pour une pêcherie.

OAR-BAY. A l'O. S. O. à 4 milles de la *Baie Françoise*, du côté de l'Est du cap de *la Hune*, vous trouvez la Baie nommée *Oar*. Par le travers de la pointe de l'Est de l'entrée, il y a une Ile basse & couverte de rochers tout près de la côte; de cette pointe à l'entrée de la baie du *Désespoir*, la route est O. 9° N. & la distance de neuf lieues. A l'entrée de cette baie, est une Ile de rochers, des deux côtés de laquelle il y a une passe. La baie s'étend d'abord dans le N. N. E. l'espace d'environ une lieue, & ensuite dans le Nord l'espace de deux milles. Elle a un tiers de mille de large à sa partie la plus étroite, & une grande profondeur tout près des deux côtes dans toute l'étendue de la baie: le moindre brassiage est à son entrée. Au fond de la baie est un petit havre serré, qui ne peut recevoir que de petits bâtimens & des chaloupes de pêche, & dans lequel on trouve 5 brasses d'eau. Du côté de l'Ouest de l'entrée de la baie, & au N. O. ¼ N. de l'Ile de Rochers, dont il a été fait mention ci-dessus, il y a une petite anse étroite nommée *Cul-de-sac*, qui a 3 & 4 brasses d'eau, & un bon abri pour les bâtimens pêcheurs.

Cap de LA HUNE. Le cap de *la Hune* est la pointe de terre la plus méridionale de cette partie de la côte: il est par 47 degrés 31 minutes 42 secondes de latitude, à l'O. 5° N. de l'île de *la Passe*, & au N. O. 5° N. à dix lieues & demie du cap *Miquelon.* Il eſt très-reconnoiſſable à ſa forme qui reſſemble beaucoup à celle d'un pain de ſucre; mais pour bien le diſtinguer, il convient de s'approcher de la côte à la diſtance au moins de trois lieues (à moins que l'on ne ſoit directement à l'Eſt ou à l'Oueſt de ce cap), autrement l'élévation de la terre haute, ſituée en-dedans de ce cap, empêchera de diſtinguer la montagne du Pain de Sucre; mais le cap peut toujours être reconnu par la haute terre de *la Hune,* qui eſt à une lieue dans l'Oueſt de ce cap; cette terre s'élève directement du bord de la mer à une aſſez grande hauteur: elle paroît plate au ſommet, & peut être aperçue de ſeize lieues par un temps clair.

Iles aux PINGUINS.

Au S. 29° O. à 3 lieues & demie du cap de *la Hune,* & au N. 61° O. à environ dix lieues du cap *Miquelon,* ſe trouvent les îles *aux Pinguins,* qui forment un groupe de rochers ſtériles, ſitués l'un près de l'autre. Ces Iles ont environ deux lieues de circuit: on peut en approcher pendant le jour, à une demi-lieue tout à l'entour, parce qu'il n'y a point de danger à cette diſtance. Au côté du S. O. de la *Grande Ile,* qui eſt la plus élevée, il y a une petite anſe où les chaloupes de pêche trouvent un abri & les choſes néceſſaires pour la pêche. Il y a auſſi un bon fond de pêche dans les environs de ces Iles.

Rocher de la BALEINE.

A l'E. 3° N. à 7 milles des îles *aux Pinguins,* & au S. 9° E. à trois lieues du cap de *la Hune,* eſt un rocher dangereux, nommé *la Baleine,* ſur lequel la mer briſe communément. Ce rocher a environ 100 brasses de circuit, & le fond est de 10, 12 & 14 brasses d'eau tout à l'entour. De ce rocher part un banc étroit, qui s'étend une lieue dans l'Ouest & une demi-lieue dans l'Est, sur lequel on trouve depuis 24 jusqu'à 58 brasses, fond de roches & de gravier. Dans le chenal, entre la côte & ce rocher, comme entre la côte & les îles *aux Pinguins*, on trouve 120 & 130 brasses d'eau, fond de vase ; on a le même fond & presque le même brassiage à une lieue en-dehors de ces Iles.

Baie de LA HUNE.

Après avoir arrondi la pointe de l'Ouest du cap de *la Hune*, vous trouvez la baie de *la Hune*, qui s'étend dans le Nord l'espace d'environ deux lieues, & qui a environ un tiers de mille de large dans sa partie la plus étroite à son entrée : il y a beaucoup de fond dans presque toute l'étendue de cette baie. En entrant dans la baie, ou en sortant, il faut serrer le cap ou la côte de l'Est, afin d'éviter une roche sous l'eau qui est à près d'un tiers du chenal par le travers de la pointe de l'Ouest de l'entrée de la baie. A deux milles en-dedans de la baie, du côté de l'Est, il y a l'anse de *la Lance*, où l'on peut mouiller par 16 & 14 brasses d'eau sur un fond net, & où l'on trouve ce qui convient pour une pêcherie. A une encablure, & par le travers de la pointe du Sud de l'anse (qui est basse), se trouve un petit haut fond sur lequel il y a une brasse & demie d'eau; & entre ce haut fond & la pointe, il y a 5 brasses d'eau. Pour entrer dans l'anse, mettez la pointe du cap, ou l'entrée de l'Eſt de la baie, par une pointe de rochers rouges, ſituée du même côté (il y a par le travers de cette pointe un rocher au-deſſus de l'eau) juſqu'à ce que vous ayez amené une colline ronde que vous apercevrez au-delà de la vallée de l'anſe, par le côté du Nord de la vallée ; vous vous trouverez alors avoir paré le haut-fond, & vous pourrez porter dans l'anſe avec ſûreté. Il y a un banc étroit qui s'étend en travers de la baie depuis la pointe du Sud de l'anſe juſqu'à une pointe de la côte oppoſée, & ſur lequel on trouve depuis 27 juſqu'à 45 braſſes.

Havre de LA HUNE.

Le havre de *la Hune,* où il n'y a de place que pour de petits bâtimens, & où ils ſont expoſés au vent de l'Oueſt, eſt ſitué à une demi-lieue dans l'Oueſt du cap de *la Hune;* il y a au-devant une Ile ſous la côte & tout près d'elle. La paſſe, pour entrer dans le havre, eſt du côté du N. O. de l'Ile : il n'y a aucun danger à craindre en entrant, & il faut mouiller au fond du havre par 10 braſſes d'eau.

Ce havre eſt bien ſitué pour la pêche, y ayant aux environs un bon fond de pêche & ce qui convient pour cet objet, comme une grave ſpacieuſe qui s'étend du fond du havre à la baie de *la Hune,* ſur environ 120 toiſes de large, & qui eſt expoſée à un air découvert, ce qui eſt d'un grand avantage pour ſécher le poiſſon.

Les deux Iles & les Rochers Maguétiques.

Entre le cap de *la Hune* & la *petite Rivière,* la terre eſt aſſez haute, & la côte forme une baie dans laquelle il y a pluſieurs petites Iles & des rochers au-deſſus de l'eau, dont le plus en-dehors eſt au Nord, & à trois lieues des îles aux *Pinguins*. Auprès & en-dedans de ces rochers, il y a des roches ſous l'eau, & un mauvais fond. La paſſe entre les rochers & les îles aux *Pinguins* eſt très-ſûre.

PETITE RIVIÈRE.

A l'O. ¼ S. O. & à quatre lieues du cap de *la Hune*, eſt l'embouchure d'une rivière nommée la *petite Rivière*, qui eſt reconnoiſſable par la terre qui l'avoiſine : cette terre forme une pointe très-remarquable ſur la côte, & qui eſt aſſez élevée. La rivière a environ 100 braſſes de large à ſon embouchure, & 10 braſſes de profondeur. Un peu au-deſſus de l'embouchure, on trouve un bon mouillage par 10, 8 & 7 braſſes d'eau : ſes bords ſont aſſez élevés & couverts de bois.

Rochers de la PETITE RIVIÈRE.

Les rochers de la *petite Rivière* ſont au S. 3° E. à deux lieues de l'embouchure de la *petite Rivière*, au N. O. 5° N. à deux lieues & demie des Iles aux *Pinguins*, & à l'E. S. E. 5° E. à trois lieues & demie des îles de *Ramea*. Ces rochers ſont à fleur d'eau, & occupent un très-petit eſpace : on trouve un très-grand fond tout à l'entour.

Iles de RAMEA.

Les îles de *Ramea*, qui diffèrent entr'elles pour la hauteur & l'étendue, ſont ſituées au N. O. 5° N. à environ ſix lieues des îles aux *Pinguins*, & à une lieue du Continent. Ces Iles s'étendent de l'Eſt à l'Oueſt l'eſpace de 5 milles, & du Nord au Sud l'eſpace de 2 milles. Il y a pluſieurs roches & briſans autour d'elles, mais un plus grand nombre du côté du Sud que du côté du Nord.

Nord. La plus orientale de ces Iles, qui est aussi la plus grande, est très-élevée & montagneuse : la plus occidentale, nommée *Colombier*, est une Ile remarquable, élevée, ronde & d'une petite étendue : il y a auprès d'elle quelques Iles de rochers & des roches sous l'eau.

Havre de RAMEA.

Le havre de *Ramea* (qui est un petit havre fort commode pour des bâtimens de Pêcheurs) est formé par les Iles qui se trouvent entre la grande île de *Ramea* & celle du *Colombier*. L'entrée du havre en venant du côté de l'Ouest, est à l'Est du *Colombier* (c'est l'entrée la plus large) : il faut s'éloigner un peu de la pointe du Sud de l'entrée (par le travers de laquelle il y a quelques rochers au-dessus de l'eau), & gouverner au N. E. pour entrer dans le havre, en s'entretenant dans le milieu du chenal qui a plus d'une encablure de large dans la partie la plus étroite ; & l'on mouillera dans *Ship-cove* (l'Anse au Vaisseau), qui est la seconde anse du côté du N. O. par 5 brasses, fond net, & à l'abri de tous vents.

Pour entrer dans ce havre par le côté de l'Est, rangez le côté du Nord de la *grande île de Ramea*, jusqu'à ce que vous soyez à l'extrémité de l'Ouest : portez ensuite au S. O. pour entrer dans le havre, vous entretenant dans le milieu du chenal où il y a 3 brasses de basse mer, & mouillez comme il vient d'être indiqué. Il y a dans ce havre, & autour de ces Iles, plusieurs emplacemens commodes pour élever des chaffauds & sécher le poisson.

Au S. E. 5° S. à 4 milles de *Ramea*, il y a deux

Banc de RAMEA, propre à la pêche.

rochers au-dessus de l'eau, situés l'un à côté de l'autre; & qu'on nomme *Rochers de Ramea.* Au S. O. & à une lieue de ces rochers, est un petit banc propre à la pêche, sur lequel il y a 6 brasses d'eau. On connoîtra qu'on est sur ce banc, si l'on tient d'un côté les rochers mentionnés ci-dessus, par l'entrée de l'Ouest de la *petite Rivière* qui vous reste au N. E. & de l'autre l'île du *Colombier* de *Ramea* par une haute montagne en forme de selle, nommée *(Tête de Richard)*, & située sur le continent en-dedans des *îles de Burgeo*, laquelle vous reste près du N. O. A peu-près dans le milieu, entre *Ramea* & les îles *aux Pinguins*, & à deux lieues de la terre, est un banc propre à la pêche, sur lequel on trouve depuis 50 jusqu'à 14 brasses. Si vous voulez courir sur la partie la plus élevée de ce banc, amenez les deux *rochers de Ramea* (qui sont au S. E. 5° S. des îles *de Ramea)*, par la partie du S. O. de ces Iles, ou entr'elles & le Colombier, & que l'entrée de la *petite Rivière* vous reste au N. $\frac{1}{4}$ N. E. 5° E.

Baie des VIEILLARDS.

A 4 milles dans l'Ouest de la *petite Rivière*, & au N. E. $\frac{1}{4}$ E. des *îles Ramea*, vous trouvez la *Baie des Vieillards.* Cette baie s'étend dans le Nord l'espace de 7 milles: elle a un mille de large à son entrée, avec beaucoup de fond dans presque toutes ses parties. Au N. E. à une demi-lieue en remontant la Baie, & du côté de l'Est, se trouve l'île *d'Adam*, derrière laquelle il y a un mouillage par 30 & 40 brasses; mais le meilleur mouillage eſt dans le fond de la Baie, par 14 & 16 braſſes.

Havre de MUSKETA.

A une demi-lieue dans l'Oueſt de la *baie des Vieillards*, & au N. E. des *îles de Ramea*, il y a le havre de *Musketa*. Ce havre eſt très-étroit, mais ſûr ; il pourroit contenir un grand nombre de bâtimens en toute ſûreté, mais il eſt difficile d'y entrer ou d'en ſortir, à moins que le vent ne ſoit favorable, parce que l'entrée en eſt très-étroite (n'ayant que 48 braſſes de large), & que la terre des deux côtés eſt élevée.

La pointe du S. E. de l'entrée du havre eſt un haut rocher blanc ; à environ une encablure de ce rocher blanc ou pointe, eſt un rocher noir au-deſſus de l'eau ; & au côté du Sud de ce dernier, eſt une roche ſous l'eau, ſur laquelle la mer briſe ; de ce rocher noir à l'entrée étroite du havre, la route eſt N. O. & la diſtance d'un tiers de mille. Pour entrer dans ce havre ou pour en ſortir, paſſez un peu au large du rocher noir, & ſerrez extrêmement le côté de l'Oueſt, parce qu'il eſt le plus ſûr. Si vous êtes obligé de mouiller, hâtez-vous de porter un cordage à terre, afin de ne point toucher par l'arrière ſur les roches. Il y a dans le havre depuis 18 juſqu'à 30 braſſes, un bon mouillage par-tout, avec de l'eau & du bois en abondance, & tout ce qui convient pour la pêche. Dans le détroit, il y a 12 braſſes ſur les deux côtés. Les vents de la partie du Sud & de l'Eſt, ſoufflent directement dans l'entrée : les vents de la partie du Nord ſoufflent en-dehors, & ceux de la partie de l'Oueſt ſont éprouver du calme ou des raffales.

Havre de L'ILE AU RENARD.

Le havre *au Renard*, qui eſt formé par une Ile du même nom, eſt au N. E. $\frac{1}{4}$ N. des îles de *Ramea*, & à une demi-lieue dans l'Oueſt du havre de *Musketa;* il y a dans l'eſpace qui les ſépare pluſieurs îles de roches, & quelques roches ſous l'eau. Ce havre eſt reconnoiſſable par un haut rocher blanc, ſitué au Sud & à un demi-mille de la partie la plus en-dehors de l'Ile. Il y a deux paſſes pour entrer dans le havre, une de chaque côté de l'Ile, & point d'autres dangers que ceux qui ſont viſibles. Ce havre, quoique petit, eſt commode pour la pêche : on y trouve 6, 8 & 10 braſſes d'eau, & quelques graves.

Baie de L'OURS BLANC

La baie de l'*Ours blanc*, eſt à deux milles dans l'Oueſt du havre de l'île *au Renard*, & à une lieue au Nord des îles de *Ramea;* il y a pluſieurs Iles à l'entrée de cette baie; le meilleur paſſage pour y entrer eſt du côté de l'Eſt de toutes les Iles. Cette baie s'étend au N. E. $\frac{1}{4}$ E. 5° E. l'eſpace de quatre lieues : elle a environ un demi-mille de large dans ſa partie la plus étroite, une terre haute des deux côtés, & beaucoup de fond dans preſque toutes ſes parties, & même tout près des côtes juſqu'à 8 milles de l'entrée. Le fond diminue alors tout-à-coup, & on ne trouve que 9 braſſes, il diminue enſuite par degrés juſqu'au haut de la baie, & le mouillage y eſt bon. A une petite diſtance du fond de la baie, dans les terres, vous découvrez une étendue confidérable de la partie intérieure du pays, qui paroît n'être qu'un rocher ftérile, d'une hauteur affez égale, & entre-coupé d'un grand nombre de lacs dont toute la contrée eft remplie. Au côté du S. O. de l'île à l'*Ours* (qui eft la plus à l'Eft & la plus grande des Iles fituées à l'entrée de la baie) il y a un petit havre qui s'étend dans l'E. N. E. l'efpace d'un demi-mille, & dans lequel on trouve depuis 10 jufqu'à 22 braffes d'eau : devant l'entrée de ce havre font quelques roches fous l'eau, fur lefquelles la mer ne brife que dans des gros temps. A l'entrée, du côté de l'Oueft de la baie de l'*Ours blanc*, eft une île Blanche, haute & ronde ; & au S. S. O. à un demi-mille de l'île *Blanche*, il y a un rocher noir au-deffus de l'eau. La meilleure paffe pour entrer dans la baie, en venant de la partie de l'Oueft, fe trouve au côté de l'Oueft de ce rocher, & entre l'île *Blanche* & l'île à l'*Ours* ; il y a des roches fous l'eau à une demi-lieue dans l'Oueft de l'île à l'*Ours*, & quelques-unes de ces roches font à plus d'un mille de la côte.

Havre de l'île À L'OURS.

A 5 milles dans l'Oueft de la baie de l'*Ours blanc*, & au N. $\frac{1}{4}$ N. O. 9° O. du *Colombier de Ramea*, vous trouvez deux petits havres nommés *Havres de Red-Ifland* ou de l'*île Rouge*. Ils font formés par une Ile du même nom qui eft fituée au-deffous & tout près de la terre. Le havre qui eft dans l'Oueft de l'Ile, eft le plus grand & le meilleur. On y trouve depuis 10 jufqu'à 6 braffes, & un bon mouillage. Pour entrer dans ce havre, il

Havres de l'île ROUGE.

faut ranger l'Ile dont la partie la plus au-dehors est de rochers rouges escarpés.

Iles de BURGEO.

Au N. O. $\frac{1}{4}$ O. à trois lieues du *Colombier de Ramea*, se trouvent *les îles de Burgeo*. C'est un groupe d'Iles qui s'étend Est & Ouest le long de la côte l'espace d'environ 5 milles. La longitude de ces Iles a été déterminée par James Cook, qui y observa l'éclipse de Soleil du 5 Août 1766 : elle est de 59 degrés 56 minutes 15 secondes à la plus grande de ces Iles, nommée l'île de l'*Éclipse*. Ces Iles forment entr'elles plusieurs havres commodes pour des bâtimens pêcheurs, & sont très-bien situées pour la pêche, y ayant un excellent fond de pêche dans tous les environs. Pour entrer dans *Burgeo*, en venant de la partie de l'Est, la passe la plus sûre est du côté du N. E. de l'*île Boar* (île au Pourceau), qui est la plus au Nord, & située au N. O. du *Colombier de Ramea*. Au S. E $\frac{1}{4}$ E. & à une demi-lieue de cette Ile, est une roche qui découvre à basse-mer, & sur laquelle la mer brise communément ; vous pouvez passer des deux côtés de cette roche, y ayant beaucoup de fond tout autour. Aussi-tôt que vous serez au N. O. de cette roche, rangez le côté du Nord de l'île *Boar*, & portez à l'O. $\frac{1}{4}$ S. O. 5° S. vers l'anse de *Grandy*.

La pointe du Nord de cette anse est la première pointe basse que vous trouverez du côté de stribord : arrondissez cette pointe & mouillez dans l'anse, par 14 brasses, & hâtez-vous d'amarer à la côte. Le meilleur mouillage, pour les gros bâtimens, eſt entre l'anſe de *Grandy* & une petite Ile ſituée près de la pointe de l'Oueſt de l'île *Boar*, par 20 ou 24 braſſes, bon fond, & à l'abri de tous vents. Si on vouloit entrer dans l'anſe de *Grandy*, en venant de l'Oueſt & paſſant en-dedans des Iles, on s'expoſeroit beaucoup, à moins que d'être bien pratique de cette paſſe, parce qu'il y a des roches ſous l'eau; mais en venant du Sud, il y a une bonne paſſe entre le *Colombier de Burgeo*, qui eſt une Ile haute & ronde, & l'île de *Rencontre* (la plus haute de toutes ces Iles), il faut gouverner au N. O. entre les rochers au-deſſus de l'eau qui ſont dans l'Eſt du *Colombier*, & enſuite dans le Sud de *Rencontre*; auſſi-tôt que vous ſerez en-dedans de ces rochers, ſerrez les Iles : il y a pluſieurs paſſes ſûres de la partie du Sud & de celle de l'Eſt, entre les Iles, & on y trouve un bon mouillage. Dans les gros temps toutes les roches ſous l'eau ſe découvrent, & vous pouvez gouverner par-tout ſans aucune crainte. L'eau & le bois ſont un peu rares dans ces Iles.

Cette baie s'étend au N. E. 5° N. l'eſpace d'une lieue: ſon entrée eſt au N. E. à 2 milles de l'île *Boar*, & à 2 milles dans l'Oueſt des havres de l'*île Rouge*. La pointe de l'Eſt de l'entrée, eſt formée de rochers bas, par le travers deſquels il y a une roche ſous l'eau à un quart de mille de la côte, & ſur laquelle la mer briſe dans de gros temps. Près du fond de la baie, il y a un aſſez bon mouillage, avec du bois & de l'eau en abondance. Baie du LOUP.

Havre DU ROI.

Après avoir arrondi la pointe de l'Oueſt de la baie *du Loup*, vous trouvez *King's Harbour* (le Havre du Roi), qui s'étend au N. E. $\frac{1}{4}$ N. l'eſpace de trois quarts de mille : il y a au-devant de l'entrée un groupe de petites Iles dont une eſt aſſez élevée. Pour entrer dans ce havre, ſerrez la pointe de l'Eſt des Iles, & portez au N. O. $\frac{1}{4}$ N. & au N. N. O. vers l'entrée du havre, & mouillez au-deſſous de la côte de l'Eſt, par 9 braſſes.

HA - HA.

Au côté du Sud des Iles, devant le havre *du Roi*, & au N. N. E. à un mille de l'île *Boar*, ſe préſente l'entrée de *Ha - ha*, qui s'étend dans l'Oueſt l'eſpace d'un mille. Ce havre a environ un quart de mille de large, depuis 20 juſqu'à 10 braſſes d'eau, & un bon mouillage par-tout. Au-deſſus de la pointe du Sud de l'entrée du havre, eſt une colline haute & verte ; & à une encablure & demie de la pointe, il y a une roche ſous l'eau qui ſe manifeſte toujours. C'eſt au-delà du fond de *Ha-ha* qu'eſt *Richard's Head* ou la *Tête de Richard*, dont il a été fait mention comme d'une marque pour paſſer ſur le *Banc de Ramea*.

Grand BARRY-SWAY.

A 4 milles dans l'Oueſt des îles de *Burgeo*, ſe préſente la pointe du *Grand Barry-ſway*, qui eſt une pointe de rochers baſſe & blanche ; & au N. O. $\frac{1}{4}$ N. à une demi-lieue de cette pointe, eſt l'entrée de l'Oueſt du *Grand Barry-ſway*, dans lequel il y a aſſez de place & de fond pour des petits bâtimens. Entre les îles de *Burgeo* & la pointe du *Grand Barry-ſway*, il y a pluſieurs roches

roches ſous l'eau dont quelques-unes ſont à une demi-lieue de la côte.

Au N. O. $\frac{1}{4}$ O. 5° O. & à quatre lieues des îles de *Burgeo*, ſe trouve la baie de *Connoire*, dont la pointe de l'Eſt eſt aſſez remarquable. Elle s'élève par une pente douce à une moyenne hauteur, & beaucoup au-deſſus de la terre qui eſt en-dedans : le ſommet de cette pointe eſt vert, & le reſte, en deſcendant vers la côte, eſt blanc; la pointe de l'Oueſt de la baie eſt baſſe & plate, & dans l'Oueſt il y a pluſieurs petites Iles. La baie s'étend au N. $\frac{1}{4}$ N. E. l'eſpace d'une lieue, depuis l'entrée juſqu'à la pointe du *Milieu* qui eſt entre les deux bras : elle a une demi-lieue de large, 14, 12, 10 & 8 braſſes d'eau tout près des côtes, un bon mouillage & un fond net. Cette baie eſt expoſée aux vents du S. S. O. & à ceux de la partie du Sud; mais dans le bras du N. E. les petits bâtimens ſont à l'abri de tous vents. Pour entrer dans ce bras, ſerrez le côté de ſtribord de plus près que l'autre, & mouillez devant une petite anſe ſituée du même côté, près du fond du bras, par 3 braſſes & demie; vers le fond du bras & du côté du N. O. eſt un banc de ſable & de vaſe, ſur lequel on pourroit échouer un bâtiment ſans qu'il reçût aucun dommage.

Baie de CONNOIRE.

A deux lieues dans l'Oueſt de *Connoire*, eſt la baie de *Cutteau*, où il n'y a d'abri & de fond que pour de petits bâtimens & des chaloupes de Pêche. Pour entrer dans la baie, ou pour en ſortir, ſerrez de près la

Baie de CUTTEAU.

pointe de l'Oueſt, afin d'éviter pluſieurs roches ſous l'eau qui ſont à l'entrée de cette baie.

CINQ CERFS.

Après avoir tourné la pointe de l'Oueſt de *Cutteau*, vous trouvez *Cinq-Cerfs*; il y a dans cette baie un grand nombre d'Iles, qui forment pluſieurs petits havres, dans leſquels les petits bâtimens trouvent aſſez de place & de fond, avec les choſes néceſſaires pour la pêche.

Il y a par le travers de *Cinq-Cerfs*, & à environ une demi-lieue de la côte, une Ile baſſe de rochers. La paſſe la plus ſûre pour entrer dans le plus grand de ces havres, eſt au côté de l'Oueſt de ce rocher; vous le rangerez d'aſſez près, & porterez au N. E. 5° E. ſerrant la côte du S. E. juſqu'à ce que vous ſoyez par le travers d'une petite Ile boiſée, qui eſt la plus à l'Eſt moins une, & à près d'un quart de mille au N. E. d'un rocher blanc ſitué dans le milieu de la paſſe; vous arrondirez alors cette Ile, & vous mouillerez derrière elle, par 7 braſſes d'eau, à l'abri de tous vents: ou bien vous pourrez continuer votre route, & remonter juſqu'au fond du bras, où vous mouillerez par 4 braſſes d'eau.

A quatre milles dans l'Oueſt de l'île de Rochers,

GRAND BRUIT.

ſituée par le travers de *Cinq-Cerfs*, on trouve le havre de *Grand Bruit*, qui eſt un petit havre fort commode & bien ſitué pour la pêche. Il eſt reconnoiſſable par une très-haute montagne qui le domine, & qui eſt à une demi-lieue dans l'intérieur du pays: c'eſt la terre la plus élevée de toute la côte. Un ruisseau considérable se précipite de cette montagne, & va se décharger par une cascade dans le havre de *Grand Bruit*. Au-devant de l'entrée du havre, il y a plusieurs petites Iles, dont la plus grande est assez élevée & présente à la vue trois mondrains verts. Un peu en-dehors de cette Ile, est un rocher rond, qui s'élève assez au-dessus de l'eau, & qu'on appelle *Colombier* de *Grand Bruit;* & à un quart de mille dans le Sud de ce rocher, il y a un rocher bas. Directement entre ce rocher & l'île de Roches, qui est par le travers de *Cinq-Cerfs*, & à une demi-lieue du premier rocher, il y a une roche sous l'eau, sur laquelle la mer ne brise point de beau temps. La passe la plus sûre pour entrer dans *Grand Bruit*, est au N. E. de cette roche, & des Iles situées au-devant du havre, entr'elles & les trois Iles (qui sont basses & placées au-dessous de la côte). Lorsque vous serez au Nord de la roche sous l'eau, dont on vient de parler, vous n'aurez à craindre d'autres dangers que ceux qui sont visibles. La passe pour entrer dans le havre est très-étroite, mais saine des deux côtés. Ce havre s'étend dans le Nord l'espace d'un demi-mille, & il a un quart de mille de largeur dans sa partie la plus large: on y trouve depuis 4 jusqu'à 7 brasses d'eau.

Baie de ROTTE.

Dans l'Ouest de *Grand Bruit*, entre ce havre & la baie de *la Poile*, se trouve la baie *de Rotte*, dans laquelle il y a un grand nombre d'Iles & des roches sous l'eau. L'Ile la plus au Sud est un rocher remarquable, qui est haut & rond, & qu'on appelle *Colombier* de *Rotte*. Ce rocher eſt à l'O. $\frac{1}{4}$ N. O. & à neuf lieues de la plus au Sud des îles de *Burgeo*. Entre cette Ile & *Grand Bruit*, eſt une chaîne de rochers dont quelques-uns ſont ſous l'eau & d'autres au-deſſus; mais ils ne s'étendent pas dans le Sud au-delà de l'alignement de ces Iles. En-dedans des îles *de Rotte*, il y a de l'abri pour les bâtimens : la paſſe la plus ſûre pour y entrer eſt dans l'Oueſt des Iles, entr'elles & l'île nommée *petite Irlande*, qui eſt ſituée par le travers de la pointe de l'Eſt de la baie de *la Poile*.

Baie de LA POILE.

La baie de *la Poile* eſt large & ſpacieuſe, & renferme pluſieurs havres commodes : elle eſt ſituée à l'Oueſt 10 degrés N. à dix lieues de la plus au Sud des îles de *Burgeo*, à l'O. $\frac{1}{4}$ N. O. & à quatorze lieues des îles de *Ramea*, & à environ douze lieues à l'Eſt du cap de *Raye*. Elle eſt reconnoiſſable par la terre haute de *Grand Bruit*, qui n'en eſt qu'à 5 milles dans l'Eſt. Elle eſt également reconnoiſſable par la terre qui forme le côté de l'Eſt de la baie, laquelle s'élève en collines hautes & eſcarpées aſſez remarquables. A un mille au S. S. O. de la pointe de l'Eſt, ſe trouve la *petite Irlande*, qui eſt une petite Ile baſſe & entourée de roches ſous l'eau, dont quelques-unes s'étendent à un tiers de mille. Au N. N. O. à un demi-mille de cette Ile, il y a une roche ſous l'eau qui découvre à baſſe-mer : c'eſt le ſeul danger qu'il y ait à craindre en entrant dans la baie, à l'exception toutefois de ceux qui ſont très-près de la côte. A 2 milles en-dedans de la pointe de l'Oueſt de la baie, & au N. N. O. 5° O. à 2 milles de la *petite Irlande*, vous trouverez le havre de *Twed* ou le *Grand Havre*, dont la pointe du Sud eſt baſſe. Ce havre s'étend dans l'Oueſt l'eſpace d'un mille, & il a une encablure & demie de large dans ſa partie la plus étroite. Pour entrer dans ce havre, ſerrez de près la côte du Nord, & mouillez près du fond du havre, par 18 ou 20 braſſes, fond net & à l'abri de tous vents. On trouve dans ce havre tout ce qu'il faut pour élever des chaffauds & ſécher le poiſſon. A un demi-mille dans le Nord du *grand Havre*, vous avez le *petit Havre* dont la pointe du Nord eſt la première pointe élevée & acore de la côte de l'Oueſt de la baie : on l'appelle *Tooth's-Head* (pointe de la Dent). Ce havre s'étend dans l'Oueſt l'eſpace d'un mille ; il n'a pas tout-à-fait deux encablures de large dans ſa plus grande largeur. Pour entrer dans ce havre, paſſez un peu au large de la pointe du Sud, & mouillez vers le milieu de la longueur du havre, par 10 braſſes d'eau, devant le chaffaud qui eſt au côté du Nord.

GRAND HAVRE.

PETIT HAVRE.

A l'oppoſé de *Tooth's Head*, ou de la pointe de *la Dent*, & du côté de l'Eſt de la baie, il y a le havre de *Gally-Boys*. Ce havre eſt petit, mais commode pour les bâtimens qui vont à l'Oueſt. Près de la pointe du Sud de ce havre, il y a quelques mondrains tout près de la côte; mais la pointe du Nord eſt haute & acore, & offre à la vue une tache blanche dans un rocher. Pour entrer dans ce havre ou pour en ſortir,

Havre de GALLY-BOYS.

rangez le côté du Nord ; vous mouillerez auſſi-tôt que vous ſerez en-dedans de la pointe avancée du Sud, par 9 ou 10 braſſes, bon fond, & à l'abri de tous vents.

Anſe BROAD.

A deux milles dans le Nord de *Tooth's Head* & du même côté de la baie, il y a une anſe appelée *Broad Cove* (l'anſe large), dans laquelle il y a un bon mouillage, par 12 & 14 braſſes d'eau. Par le travers de la pointe du Nord de cette anſe, eſt un banc qui s'étend juſque dans le milieu de la baie, & ſur lequel on trouve depuis 20 juſqu'à 30 braſſes, fond de cailloux & de gravier.

A un mille dans le Nord du havre de *Gally-Boys*, entre deux anſes ſablonneuſes ſituées au côté de l'Eſt de la baie, & à environ deux encablures de la côte, il y a une roche ſous l'eau, qui découvre de baſſe-mer.

Bras du NORD-EST.

A deux lieues en remontant la baie, & du côté de l'Eſt, vous trouverez le bras du *Nord-eſt* qui forme un havre ſpacieux, ſûr & commode. Pour entrer dans ce havre, paſſez un peu au large d'une pointe baſſe & ſablonneuſe qui eſt au côté du S. E. & mouillez au-delà de cette pointe, par-tout où il vous plaira, par 10 braſſes d'eau, fond de bonne tenue ; vous y ſerez à l'abri de tous vents, & à portée de faire de l'eau & du bois.

Havres SAUVAGE & de PLATE.

Un peu en-dedans de la pointe de l'Oueſt de la baie de *la Poile*, il y a deux petites anſes appelées

Havre Sauvage & *Havre de Plate*, qui ſont ſituées avantageuſement pour la pêche, & dans leſquelles de petits bâtimens peuvent entrer de haute mer.

Baie de GARIA.

De l'île nommée la *petite Irlande* au havre *la Coue* & à la baie *la Moine*, la route eſt O. 9° S. & la diſtance de quatre lieues. Dans l'eſpace qui les ſépare, ſe trouvent la baie de *Garia* & pluſieurs petites anſes, où de petits bâtimens trouvent un abri & des facilités pour la pêche. Il y a au-devant de cette baie pluſieurs petites Iles & des roches ſous l'eau tout le long de la côte ; mais aucune de ces roches ne s'étend en-dehors de la route indiquée ci-deſſus. Dans les gros temps, les roches cachées ſous l'eau découvrent & ſe manifeſtent. Pour entrer dans la baie de *Garia*, qui eſt ſituée à moitié chemin entre la baie de *la Poile* & le havre *la Coue*, vous remarquerez, en rangeant la côte, une pointe blanche qui forme la pointe du Sud d'une Ile ſituée au-deſſous de la terre, par le travers de la pointe de l'Eſt de la baie, un peu dans l'Oueſt de deux mondrains verts qui ſont ſur le Continent : il vous faudra amener cette pointe blanche au Nord, & gouverner deſſus en droiture, entre cette pointe & les diverſes Iles qui ſont au S. O. de la pointe. De cette pointe blanche, la route pour entrer dans la baie eſt N. O. $\frac{1}{4}$ N. en ſerrant la pointe de l'Eſt qui eſt baſſe. On trouve dans cette baie une grande quantité de bois qui peut ſervir non-ſeulement pour les chaffauds, mais auſſi pour la conſtruction des Navires, ayant aſſez d'équarriſſage pour ce dernier objet.

Baie LA MOINE & havre LA COUE.

La pointe du S. O. de l'entrée du havre *la Coue*, nommée pointe de la *Rose blanche* (près de laquelle il y a des roches au-dessus de l'eau), est assez élevée; & la terre près de la côte au-dessus du havre *la Coue* & de la baie *la Moine*, est beaucoup plus élevée qu'aucune des autres terres qui les avoisinent, ce qui sert à les faire reconnoître. La baie *la Moine* s'étend dans le N. N. E. 9° E. l'espace d'une lieue & demie : elle a un quart de mille de large dans sa partie la plus étroite. Par le travers de la pointe de l'Est, il y a quelques petites Iles & des rochers au-dessus de l'eau. Pour entrer dans la baie, rangez la pointe de l'Ouest jusqu'à ce que vous y soyez entré : longez ensuite la côte de l'Est & gouvernez vers le fond de la baie, où il y a bon mouillage, par 10 & 11 brasses, & du bois & de l'eau en abondance. La route pour entrer dans le havre *la Coue*, qui est à l'entrée de l'Ouest de la baie *la Moine*, est N. O. entre un rocher qui est au-dessus de l'eau, à l'entrée du havre & la côte de l'Ouest ; aussi-tôt que vous serez en-dedans de ce rocher, portez à l'Ouest dans le havre, & mouillez par 8 ou 6 brasses d'eau, & amarez promptement à la côte ; ou bien entrez dans le bras qui s'étend au N. E. $\frac{1}{4}$ N. du havre, & mouillez par 20 brasses, vous y serez à l'abri de tous vents. Le havre *la Coue* est un havre étroit qui peut recevoir des petits bâtimens, & qui est bien situé pour la pêche ; on y a été pendant plusieurs années.

ROSE BLANCHE.

En tournant du côté de l'Ouest de la pointe de *Rose*

Rose Blanche, vous trouverez le havre du même nom, qui est un petit havre bien situé pour la pêche, & qui fournit tout ce qui est nécessaire pour cet objet. Le chenal pour entrer dans le havre, est entre l'Ile située par le travers de la pointe de l'Ouest & la pointe de *Rose Blanche*. Il faut passer un peu au large de l'Ile, parce qu'il y a des roches sous l'eau sur le côté de l'Est de cette Ile, & serrer de près le côté de l'Ouest d'une petite Ile qui est au-dessous & tout près de la pointe *Blanche* : vous mouillerez en-dedans de la pointe du Nord-est de ladite Ile, par 9 brasses d'eau. Il est dangereux d'entrer dans la partie du N. O. de ce havre, à moins qu'on ne soit pratique de cette partie, attendu qu'il s'y trouve plusieurs petites Iles & des roches sous l'eau.

MULL-FACE.

Mull-Face est une petite anse située à deux milles dans l'Ouest de la pointe de *Rose Blanche*, & dans laquelle de petits bâtimens peuvent mouiller par 4 brasses. Par le travers de la pointe de l'Ouest de l'anse, il y a deux petites Iles & plusieurs roches sous l'eau. La passe pour y entrer est dans l'Est de ces Iles & roches.

ILES BRÛLÉES.

A deux lieues & à l'Ouest de la pointe de *Rose Blanche*, sont des îles nommées *Burnt Islands* (Iles brûlées) ; elles sont situées au-dessous & tout près de la côte, & il n'est guère possible de les distinguer de la terre. Les petits bâtimens trouvent derrière ces Iles un abri & ce qui convient pour la pêche. Par le travers de ces Iles, il y a des roches ſous l'eau, dont quelques-unes ſont à un demi-mille de la côte.

Baie de CONNY & baie de LOUTRE.

A trois lieues & demie dans l'Oueſt de la pointe de *Roſe Blanche*, vous trouvez les baies de *Conny* & de *Loutre.* Il y a dans la dernière un bon mouillage, par 7, 8 & 9 braſſes ; mais on court des riſques en y entrant, parce qu'il y a pluſieurs roches ſous l'eau en-dedans de la paſſe, qui ne découvrent point par un beau temps.

Iles aux MORTS.

A l'O. 9° S. & à quatre lieues de la pointe de *Roſe Blanche*, ſont les îles nommées *Dead Iſlands* (Iles aux Morts), qui ſont ſituées au-deſſous & tout près de la côte. Dans la paſſe, entre ces Iles & le Continent, il y a un bon mouillage, par 6, 7 & 8 braſſes, & où l'on eſt à l'abri de tous vents ; mais on court des riſques en y entrant, à moins qu'on ne ſoit pratique de cette paſſe, parce qu'il y a des roches ſous l'eau à l'entrée, tant du côté de l'Eſt que du côté de l'Oueſt. L'entrée, en venant de l'Eſt, eſt reconnoiſſable par une tache très-blanche qu'on remarque ſur l'une des Iles. Manœuvrez de manière que cette tache blanche vous reſte au N. O. $\frac{1}{4}$ N. gouvernez enſuite deſſus, en ſerrant de plus près les rochers qui ſont du côté de ſtribord, & laiſſez l'Ile ſur laquelle on voit la tache blanche du côté de bas-bord. L'entrée de l'Oueſt eſt reconnoiſſable, par une pointe du Continent qui eſt blanche & aſſez élevée, elle eſt ſituée un peu dans l'Oueſt des Iles ; & à la partie de l'Oueſt de cette pointe, il y a un mondrain vert : ferrez cette pointe blanche jufqu'à ce que vous foyez en-dedans d'un petit rocher rond, fitué tout près de l'Ile la plus à l'Oueft, à la pointe de l'Eft de l'entrée ; portez enfuite dans l'Eft, vers la Grande Ile (fur laquelle il y a une haute colline), & gouvernez au N. E. $\frac{1}{4}$ E. 5° E. en gardant en vue le petit rocher dont on vient de parler.

Port aux BASQUES.

Des *îles Dead* (Iles aux Morts) au Port *aux Bafques,* la route eft Oueft, & la diftance de quatre milles, On trouve dans l'efpace qui les fépare plufieurs petites Iles fituées au-deffous de la côte & tout près d'elle. Il y a auffi des roches fous l'eau, dont quelques-unes font à un demi-mille de la côte. Le port aux *Bafques* eft un petit havre commode, fitué à deux lieues & demie dans l'Eft du cap de *Raye.* Pour entrer dans ce havre, manœuvrez de manière que le pain de fucre qui eft au-deffus du cap de *Raye* vous refte au N. O. 5° O. ou que l'extrémité de l'Oueft de la montagne de la *Table* vous refte au N. O. Portez fur la terre, ayant l'un ou l'autre de ces objets comme on vient de l'indiquer, & vous irez directement dans le havre. La pointe du S. O. du havre eft d'une hauteur moyenne & blanche, ce qui l'a fait nommer pointe *Blanche ;* mais la pointe du N. E. eft baffe & plate. Il y a auprès de cette pointe un rocher noir au-deffus de l'eau. Pour éviter un haut fond, fur lequel il y a trois braffes, & qui eft fitué à l'Eft, à trois quarts de mille de la pointe *Blanche,* ferrez ladite pointe, & mettez le bâton du pavillon qui eſt ſur la colline ſituée au-delà du côté de l'Oueſt du fond du havre, par la pointe du S. O. de l'île nommée *Road Iſland* (Ile de la Rade) : en ſuivant cette direction vous parviendrez dans le milieu du chenal, entre les rochers de l'Eſt & ceux de l'Oueſt; les premiers, que vous laiſſez du côté de ſtribord, découvrent toujours. Il faut continuer cette route juſqu'à l'île de la *Rade*, & ranger la pointe de l'Oueſt afin de parer le rocher nommé *Frying pan rock* (Rocher de la poîle à frire), qui part d'une anſe ſituée à la côte de l'Oueſt, vis-à-vis l'Ile; & auſſi-tôt que vous aurez dépaſſé l'Ile, portez au N. E. & mouillez entre cette Ile & l'île appelée *Harbour Iſland* (l'Ile du Havre), par 9 ou 10 braſſes d'eau, bon fond & à l'abri de tous vents : cet endroit ſe nomme la *Rade* ou *Outer Harbour* (le Havre extérieur) : c'eſt le ſeul mouillage qui ſoit propre pour des Vaiſſeaux de guerre; mais les Bâtimens pêcheurs mouillent toujours dans le havre nommé *Inner Harbourg* (le Havre intérieur). Pour entrer dans ce havre il faut gouverner entre la côte de l'Oueſt & l'extrémité du S. O. de l'île du *Havre*, & mouiller derrière ladite Ile par 3 ou 4 braſſes. Dans quelques parties de ce havre, les bâtimens peuvent mouiller ſi près du rivage, que les gens de l'équipage peuvent deſcendre à terre au moyen d'une planche. Ce havre a été fréquenté pendant pluſieurs années par des Pêcheurs. Il eſt très-avantageuſement ſitué pour la pêche, & fournit tout ce qui eſt néceſſaire pour cet objet.

A un mille dans l'Eſt du port *aux Baſques* eſt la *Petite Baie* : c'eſt une crique ou une anſe étroite, qui s'étend dans le N. E. l'eſpace d'environ une demi-lieue; il y a aſſez de place & de fond pour des petits bâtimens. PETITE BAIE.

A deux milles dans l'Oueſt du port *aux Baſques* eſt une autre baie nommée la *Grande Baie*. Il y a dans cette baie & devant elle pluſieurs Iles & des roches ſous l'eau, dont les plus en-dehors ne ſont pas à plus d'un quart de mille de la côte, & ſur leſquelles la mer briſe le plus ſouvent. Les petits bâtimens peuvent mouiller dans cette baie; mais il n'y a pas aſſez de fond pour de gros vaiſſeaux. Du port *aux Baſques* au Cap de *Raye* la route eſt Oueſt l'eſpace d'une lieue, juſqu'à la *Pointe Enragée*, & enſuite N. O. l'eſpace d'une lieue & demie juſqu'au cap. Par le travers de la *Pointe Enragée*, qui eſt une pointe baſſe, & dans l'Eſt de cette pointe, il y a quelques roches ſous l'eau, ſituées à un mille de la côte & ſur leſquelles la mer briſe. GRANDE BAIE.

Le Cap *de Raye*, qui termine la côte du Sud de Terre-Neuve, eſt un des Caps les plus remarquables de cette Ile. La côte de cette partie eſt en général un terrein bas ; mais à une ou deux lieues en-dedans des terres, il y a de hautes montagnes qu'on découvre de plus de dix lieues de diſtance. Ce cap eſt très-reconnoiſſable, lorſqu'on vient du côté du S. E. par une cime de ces montagnes, faite en cône ou pain de ſucre, que l'on voit comme iſolée en-dehors du reſte des terres. On y découvre auſſi pluſieurs de ces cimes lorſqu'on Cap de RAYE.

vient du Nord : mais de quelque côté qu'on l'aperçoive, on ne sauroit le méconnoître à la situation des terres qui forment dans cet endroit la pointe Sud-Ouest de l'Ile de Terre-Neuve. M. le Marquis de Chabert, qui nous donne cette description du cap *de Raye*, ayant fait sonder à deux lieues au Sud-Ouest de ce cap, ne trouva pas le fond à 180 brasses ; mais à une lieue au N. O. $\frac{1}{4}$ N. il le trouva à 60 brasses, & à 28 à un quart de lieue.

Cap NORD de l'île ROYALE. Au S. O. 7° O. & à la distance de dix-sept lieues du cap *de Raye*, se trouve le cap *de Nord* de l'île *Royale*, appelée par les Anglois, *Cap Breton* qui forme, avec le cap *de Raye*, l'entrée méridionale du *Golfe de Saint-Laurent*. Ce Cap, qui est fort élevé, paroît sous la même figure, soit qu'on le regarde du côté du Nord ou de celui du Sud : la montagne qui le forme, est une presqu'Ile qui tient à l'*Ile Royale* par un terrein bas.

Ile de S.t-PAUL. L'île de *Saint-Paul* est au S. O. $\frac{1}{4}$ S. 3° O. à treize lieues & demie du cap *de Raye*, & au N. E. 3° N. à trois lieues du cap *de Nord* de l'*île Royale*. Cette Ile a une lieue à peu-près de longueur N. E. $\frac{1}{4}$ E. & S. O. $\frac{1}{4}$ O. elle est haute & presque à pic du côté du Sud-Ouest : elle va ensuite en pente jusque vers les deux tiers de sa longueur, où elle est assez basse ; les Pêcheurs abordent quelquefois en cet endroit avec leurs chaloupes. Enfin elle est terminée, du côté du Nord-Est, par une colline moins élevée que celle de l'extrémité opposée, & près de laquelle est une petite Ile. M. le Marquis de Chabert, qui nous fournit ce détail, a déterminé la latitude de cette Ile à la côte du Sud-Eſt, de 47 degrés 11 minutes 30 ſecondes. On voit encore dans ſon Voyage *, qu'il y a 125 braſſes de fond au milieu de l'eſpace qui ſépare cette Ile du cap *de Nord*, & qu'il en trouva plus de 40 à un cable de terre en approchant de l'Ile. On prétend qu'il y a autant de fond tout autour de l'Ile, de même qu'auprès du cap *de Nord*.

Iles aux OISEAUX.

Du cap *de Raye* aux îles *aux Oiſeaux*, la route eſt O. 5° N. & la diſtance de ſeize à dix-ſept lieues; & du cap *de Nord* aux mêmes Iles, la route eſt N. 8° O. & la diſtance de quatorze à quinze lieues.

Les îles *aux Oiſeaux* ſont petites & à deux encablures l'une de l'autre; l'eſpace qui les ſépare n'eſt qu'une chaîne de roches, & il n'y a pas de paſſe: la plus grande, qui eſt celle du Nord, a un quart de lieue de tour; elle eſt fort eſcarpée, paſſablement haute, & peut ſe voir de ſept à huit lieues d'un temps clair. Il y a une bonne paſſe, & pas moins de 11 à 12 braſſes d'eau entre les îles *aux Oiſeaux* & l'île *de Brion*, qui en eſt à cinq lieues dans l'Oueſt, & peut être vue de cinq à ſix lieues.

Courans & marées.

Dans la plupart des ports de la côte méridionale de Terre-Neuve, la Mer eſt pleine à 9 heures, les jours de nouvelle & pleine Lune: elle monte alors de ſix

* Voyage de l'Amérique ſeptentrionale, en 1750 & 1751, *page 149*.

à ſept pieds de hauteur perpendiculaire : mais l'on obſerve en général que les vents qui ſoufflent, ou qui ont ſoufflé depuis pluſieurs jours, ont beaucoup d'influence ſur les marées. Le long de la côte, entre *Saint-Pierre* & le *Chapeau-rouge,* le courant porte généralement au Sud-Oueſt ; au côté du Sud de la baie de Fortune, à l'Eſt, & au côté du Nord de la même baie, à l'Oueſt. Entre le cap de la *Hune* & le cap de *Raye,* le courant porte vers l'Oueſt pendant le juſan, quelquefois deux ou trois heures après qu'il eſt pleine mer à la côte ; mais cette marée ou ce courant, qui n'eſt violent qu'au cap *de Raye,* eſt très-variable tant en force qu'en direction ; il eſt même quelquefois contraire à ce que l'on devroit attendre du cours ordinaire des marées, & beaucoup plus fort dans un temps que dans l'autre, avec des irrégularités dont il n'eſt pas poſſible de rendre compte avec certitude, mais qui ſemblent en général dépendre de l'action des vents.

A PARIS, DE L'IMPRIMERIE ROYALE. 1784.

www.ingramcontent.com/pod-product-compliance
Ingram Content Group UK Ltd.
Pitfield, Milton Keynes, MK11 3LW, UK
UKHW021219230726
13926UKWH00003B/1121